室内细部设计 CAD 图集

精品工装

叶萍 ◎ 编

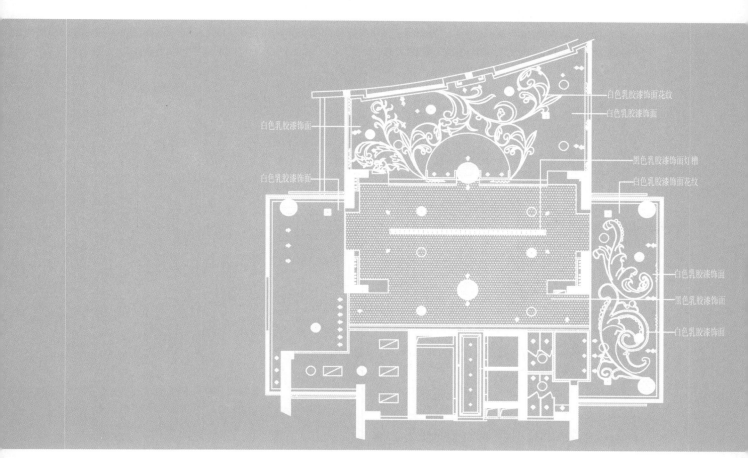

白色乳胶漆饰面花纹
白色乳胶漆饰面

白色乳胶漆饰面

黑色乳胶漆饰面灯槽
白色乳胶漆饰面花纹

白色乳胶漆饰面

白色乳胶漆饰面

白色乳胶漆饰面
黑色乳胶漆饰面
白色乳胶漆饰面

中国电力出版社
CHINA ELECTRIC POWER PRESS

内容提要

CAD细节设计的准确与否是将施工图纸实现为实际施工工程的关键，是设计人员与施工人员的重要沟通渠道。本套书汇总了工装及家装海量细节案例，经过精细的加工整理，将它们汇编为《精品工装》和《时代家装》两册内容，具有明确的指向性和可参考价值，是室内设计相关专业人员的必备工具书之一，也可供业主在装修时参考使用。

图书在版编目（CIP）数据

精品工装 ／ 叶萍编 . — 北京：中国电力出版社，2016.5
（室内细部设计 CAD 图集）
ISBN 978-7-5123-9287-8

Ⅰ . ①精… Ⅱ . ①叶… Ⅲ . ①室内装饰设计 - 计算机辅助设计 -AutoCAD 软件 Ⅳ . ① TU238-39

中国版本图书馆 CIP 数据核字 (2016) 第 092295 号

中国电力出版社出版发行
北京市东城区北京站西街19号　　100005　　http://www.cepp.sgcc.com.cn
责任编辑：曹　巍　　责任印制：蔺义舟
北京博图彩色印刷有限公司印刷·各地新华书店经售
2016年5月第1版·第1次印刷
889mm×1194mm 1/16·14印张·398千字
定价：58.00元（1CD）

前言 REFACE

CAD 室内细节设计是设计师正确传达其设计意图、保证施工工程正常运行的关键，也是室内设计师必备的职业技能之一。我们依托于丰富的室内设计资源，经过精细的加工整理，汇集了室内装饰施工常见的细节设计类型，汇编了这套《室内 CAD 细部装饰设计》系列丛书。它们精选于大量的实际案例中，源于优秀室内设计师工作经验的积累和总结，有很强的借鉴性和实用性。

本套书分为《精品工装》和《时代家装》两册，《时代家装》包括墙面、地面、顶面、门、楼梯、栏杆、装饰柱以及家具等，《精品工装》按照餐饮、酒店、商业、娱乐四个大的类型进行分类后，再根据墙面、地面、顶面、服务台、卫生间、电梯间、家具等小分类进行细分，使读者能够迅速找到所需要的资料类型以便于参考使用。

本套书在内容上将理论与实践紧密结合，满足不同的设计需求，帮助读者更快、更好地掌握相关的专项设计技术要点，并融会贯通。随书附赠的光盘中完整收录了与书中 CAD 图集相关的 dwg 格式文件，方便读者即插即用，在设计的过程中随时编辑、修改和使用，提高工作效率。书中将复杂的施工图设计简明化、条理化，内容的编排主次分明，有助于广大读者更好地理解和应用。本书内容翔实丰富，极具参考价值，是室内设计及相关专业人员的必备工具书，也可供业主在装修时参考使用。

参与本书编写的有杨柳、卫白鸽、赵利平、黄肖、邓毅丰、董菲、刘向宇、王广洋、李峰、武宏达、张娟、安平、张亮、赵强、叶萍、王伟、李玲、张建、谢永亮等人。

目 录
CONTENTS

1.1 墙面设计方案

—— 墙面 1 ——

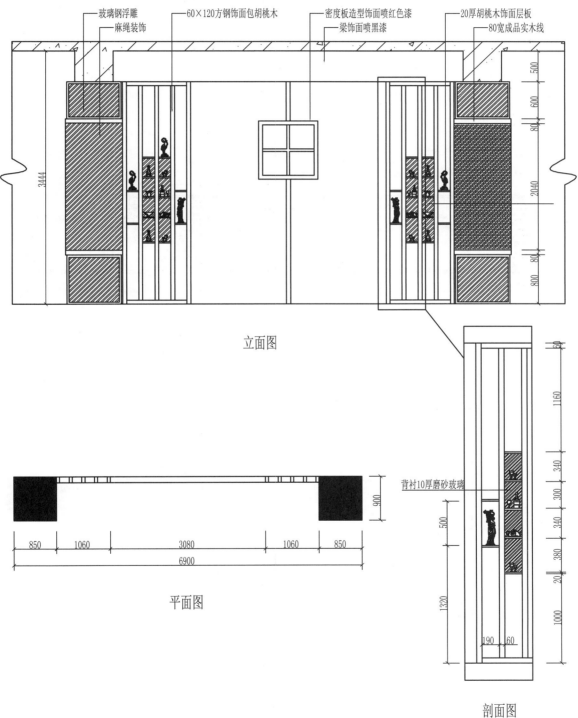

玻璃钢浮雕
麻绳装饰
60×120方钢饰面包胡桃木
密度板造型饰面喷红色漆
梁饰面喷黑漆
20厚胡桃木饰面层板
80宽成品实木线

3444

500
600
80
2040
80
800

立面图

背衬10厚磨砂玻璃

60
1160
340
300
340
380
20
1000

500
1320

190 60

剖面图

900

850 | 1060 | 3080 | 1060 | 850
6900

平面图

墙面 2

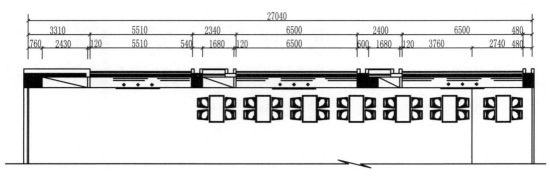

平面图

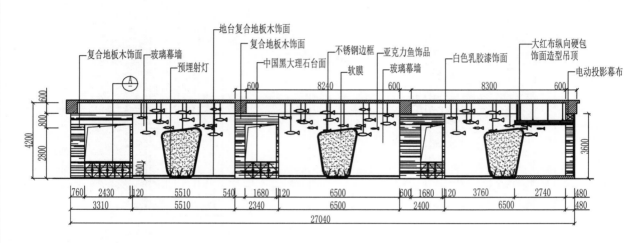

立面图

A剖面图

墙面3

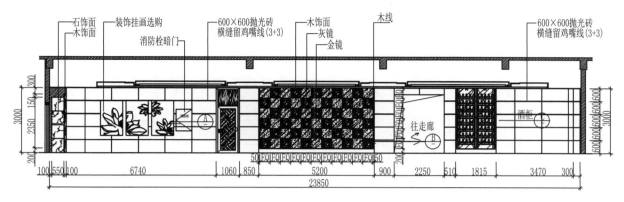

立面图

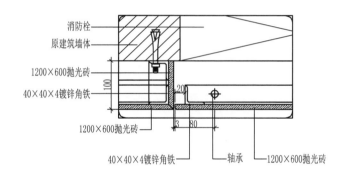

A剖面图

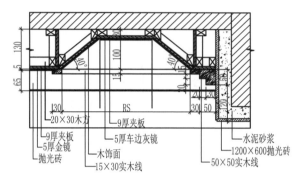

B剖面图

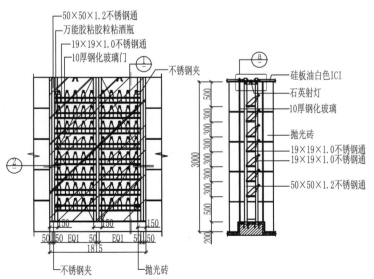

C酒柜详图　　酒柜剖面图1

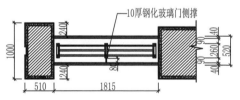

酒柜剖面图2

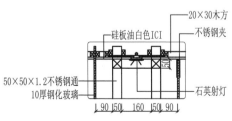

酒柜大样图a

墙面 4

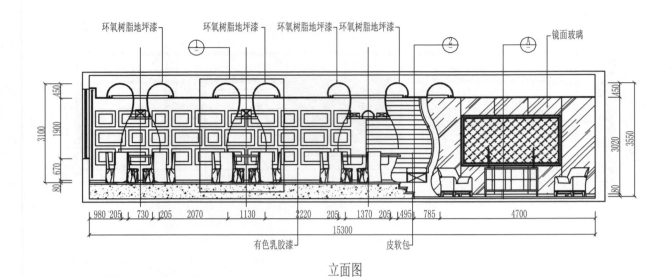

环氧树脂地坪漆　环氧树脂地坪漆　环氧树脂地坪漆　环氧树脂地坪漆　镜面玻璃

有色乳胶漆　　　皮软包

立面图

银色环氧树脂地坪漆
排风扇
不锈钢饰面

12厚钢化玻璃饰面
不锈钢饰面
玻璃钢成吧台模型
银色环氧树脂地坪漆

R1679
R201
730

1大样图

皮包饰面

600

2大样图

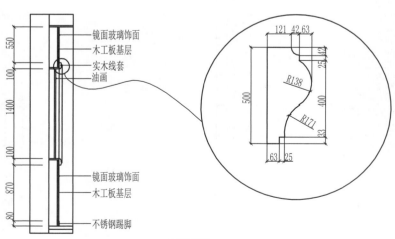

镜面玻璃饰面
木工板基层
实木线套
油画

镜面玻璃饰面
木工板基层

不锈钢踢脚

121 42 63

R138
R171

500

400

63 25

A剖面图

墙面5

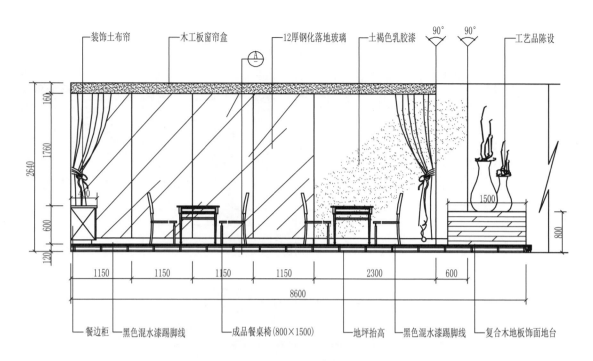

装饰土布帘　木工板窗帘盒　12厚钢化落地玻璃　土褐色乳胶漆　90°　90°　工艺品陈设

160　1760　2640　400　600　120

1150　1150　1150　1150　2300　600
8600

1500　800

餐边柜　黑色混水漆踢脚线　成品餐桌椅(800×1500)　地坪抬高　黑色混水漆踢脚线　复合木地板饰面地台

立面图

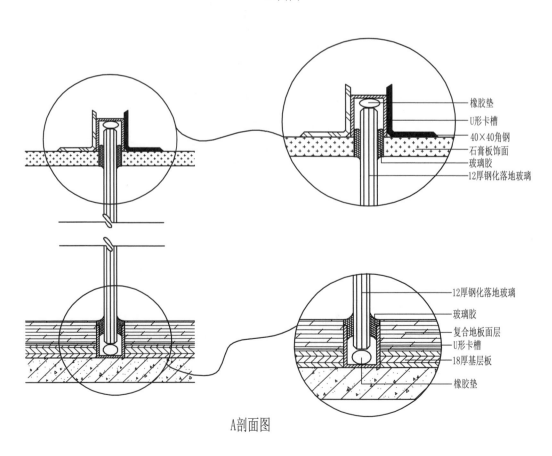

橡胶垫
U形卡槽
40×40角钢
石膏板饰面
玻璃胶
12厚钢化落地玻璃

12厚钢化落地玻璃
玻璃胶
复合地板面层
U形卡槽
18厚基层板
橡胶垫

A剖面图

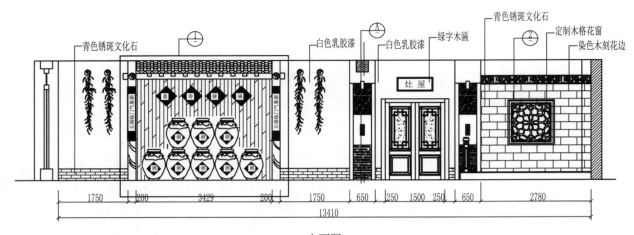

青色锈斑文化石　　白色乳胶漆　白色乳胶漆　绿字木匾　　青色锈斑文化石　定制木格花窗　染色木刻花边

立面图

1750　200　3429　200　1750　650　250　1500　250　650　2780

13410

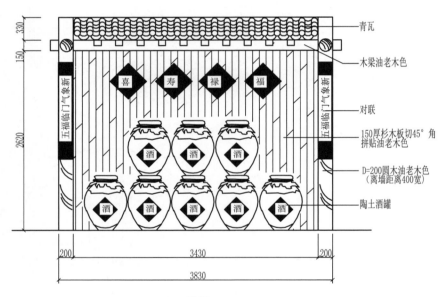

青瓦

木梁油老木色

对联

150厚杉木板切45°角
拼贴油老木色

D=200圆木油老木色
（离墙距离400宽）

陶土酒罐

330　150　2620

200　3430　200

3830

1详图

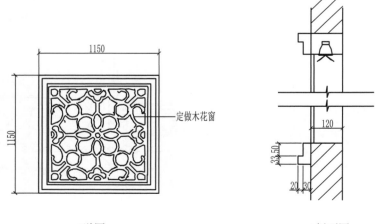

1150

1150

定做木花窗

2详图

120

23.50

20　30

A剖面图

墙面 7

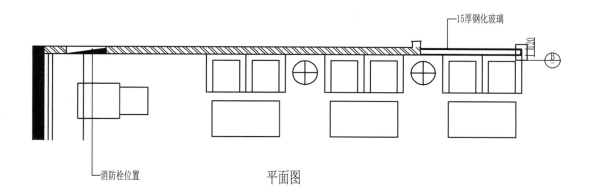

15厚钢化玻璃

消防栓位置

平面图

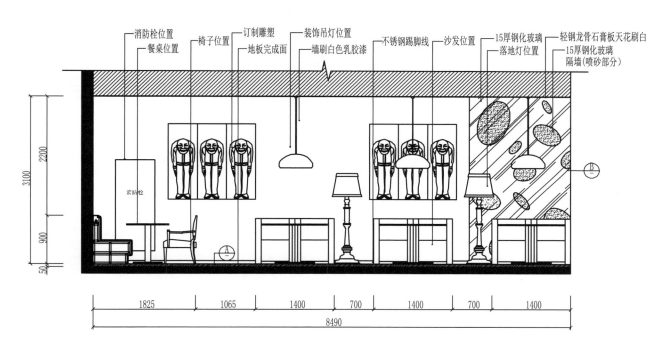

消防栓位置　订制雕塑　装饰吊灯位置　不锈钢踢脚线　沙发位置　15厚钢化玻璃　轻钢龙骨石膏板天花刷白
餐桌位置　椅子位置　地板完成面　墙刷白色乳胶漆　　落地灯位置　15厚钢化玻璃隔墙(喷砂部分)

3100　2200　900　50

1825　1065　1400　700　1400　700　1400
8490

立面图

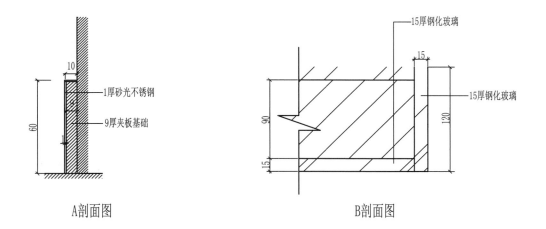

15厚钢化玻璃

10
1厚砂光不锈钢
9厚夹板基础
60

A剖面图

15厚钢化玻璃
15
15厚钢化玻璃
90　120　15

B剖面图

墙面 8

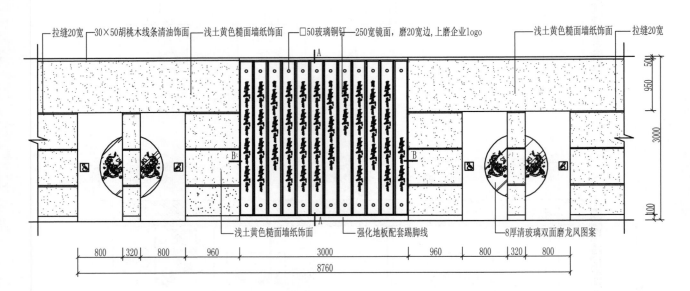

拉缝20宽　30×50胡桃木线条清油饰面　浅土黄色糙面墙纸饰面　□50玻璃铜钉　250宽镜面,磨20宽边,上磨企业logo　浅土黄色糙面墙纸饰面　拉缝20宽

浅土黄色糙面墙纸饰面　强化地板配套踢脚线　8厚清玻璃双面磨龙凤图案

800　320　800　960　3000　960　800　320　800

8760

立面图

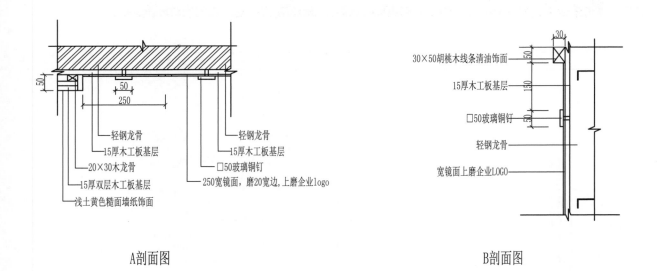

轻钢龙骨
15厚木工板基层
20×30木龙骨
15厚双层木工板基层
浅土黄色糙面墙纸饰面

轻钢龙骨
15厚木工板基层
□50玻璃铜钉
250宽镜面,磨20宽边,上磨企业logo

A剖面图

30×50胡桃木线条清油饰面
15厚木工板基层
□50玻璃铜钉
轻钢龙骨
宽镜面上磨企业LOGO

B剖面图

墙面 9

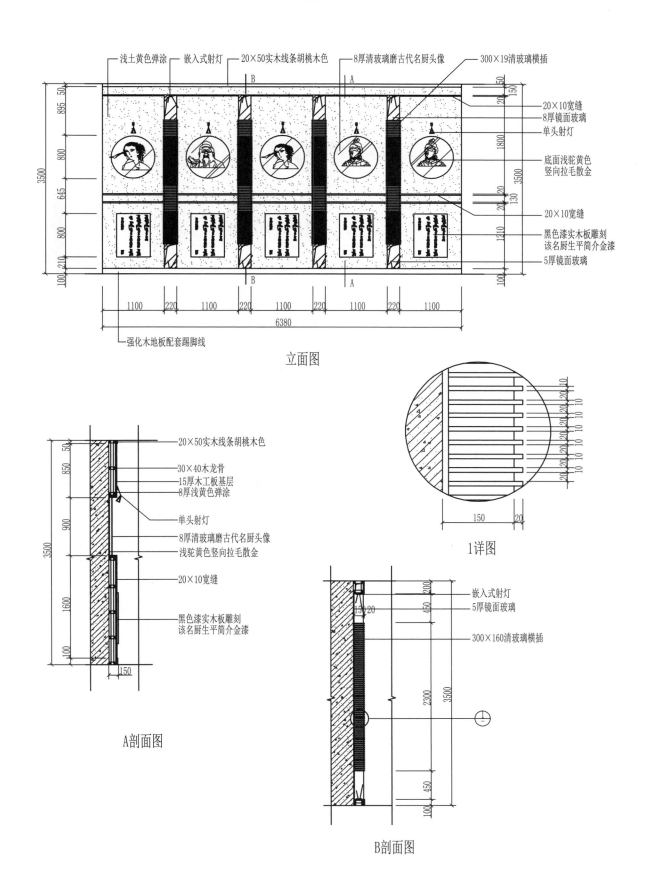

浅土黄色弹涂　嵌入式射灯　20×50实木线条胡桃木色　8厚清玻璃磨古代名厨头像　300×19清玻璃横插

20×10宽缝
8厚镜面玻璃
单头射灯
底面浅驼黄色竖向拉毛散金
20×10宽缝
黑色漆实木板雕刻该名厨生平简介金漆
5厚镜面玻璃

强化木地板配套踢脚线

立面图

20×50实木线条胡桃木色
30×40木龙骨
15厚木工板基层
8厚浅黄色弹涂
单头射灯
8厚清玻璃磨古代名厨头像
浅驼黄色竖向拉毛散金
20×10宽缝
黑色漆实木板雕刻该名厨生平简介金漆

A剖面图

1详图

嵌入式射灯
5厚镜面玻璃
300×160清玻璃横插

B剖面图

墙面 10

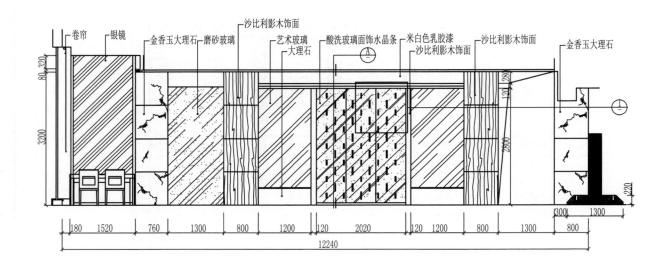

立面图

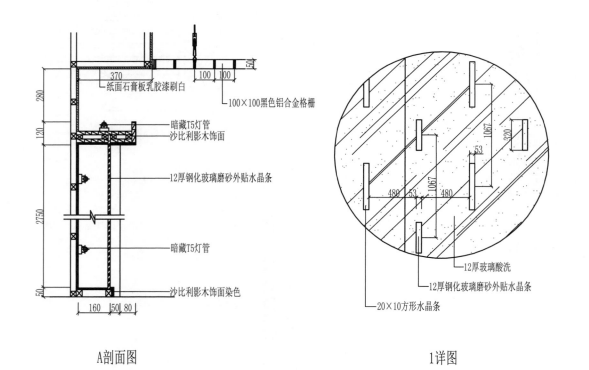

A剖面图   1详图

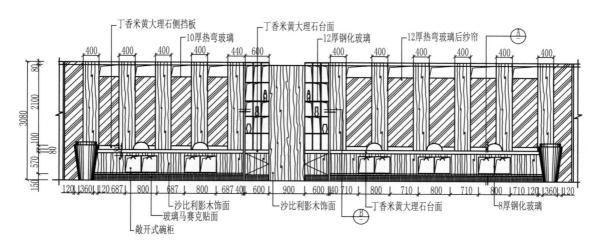

丁香米黄大理石侧挡板
丁香米黄大理石台面
10厚热弯玻璃
12厚钢化玻璃
12厚热弯玻璃后纱帘

沙比利影木饰面
玻璃马赛克贴面
敞开式碗柜
沙比利影木饰面
丁香米黄大理石台面
8厚钢化玻璃

立面图

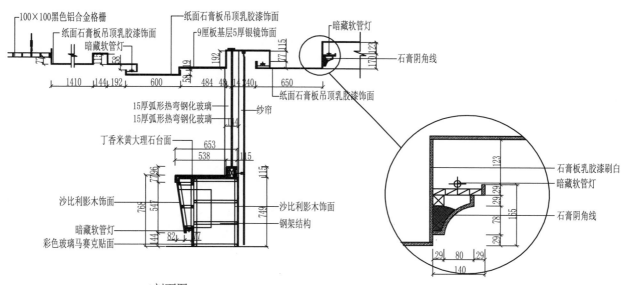

100×100黑色铝合金格栅
纸面石膏板吊顶乳胶漆饰面
纸面石膏板吊顶乳胶漆饰面
9厘板基层5厚银镜饰面
暗藏软管灯
暗藏软管灯
石膏阴角线
纸面石膏板吊顶乳胶漆饰面

15厚弧形热弯钢化玻璃
15厚弧形热弯钢化玻璃
纱帘
丁香米黄大理石台面

沙比利影木饰面
沙比利影木饰面
钢架结构
暗藏软管灯
彩色玻璃马赛克贴面

石膏板乳胶漆刷白
暗藏软管灯
石膏阴角线

A剖面图

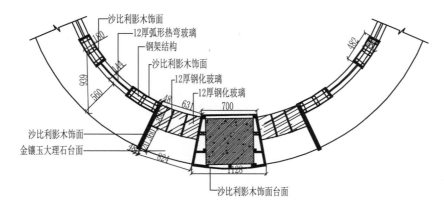

沙比利影木饰面
12厚弧形热弯玻璃
钢架结构
沙比利影木饰面
12厚钢化玻璃
12厚钢化玻璃

沙比利影木饰面
金镶玉大理石台面

沙比利影木饰面台面

B剖面图

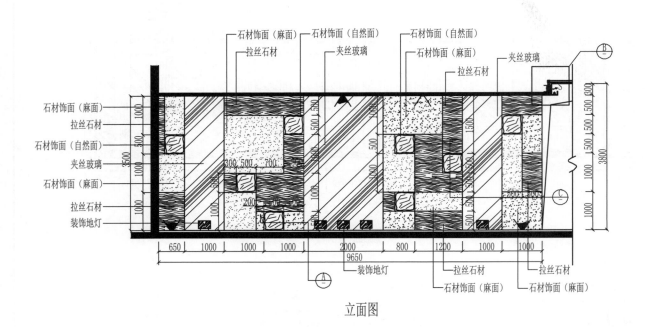

立面图

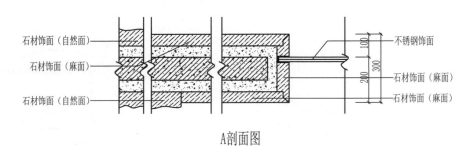

A剖面图

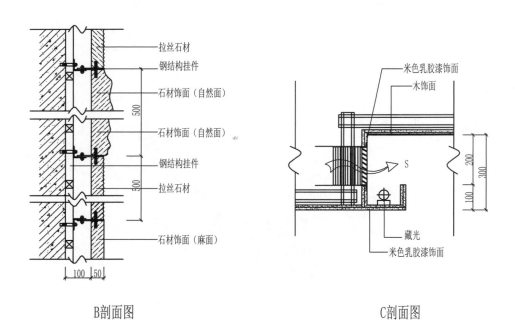

B剖面图   C剖面图

墙面 13

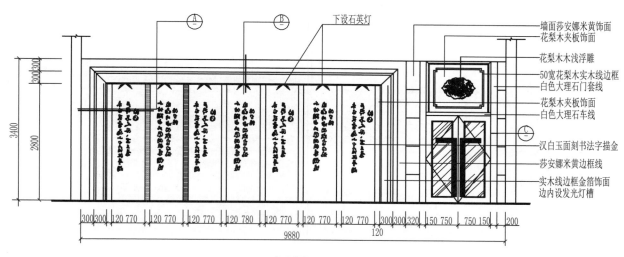

立面图

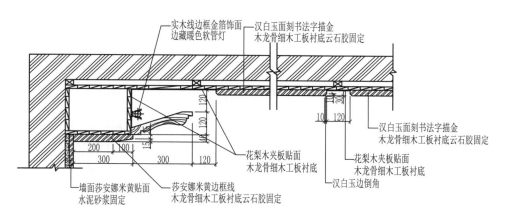

A剖面图

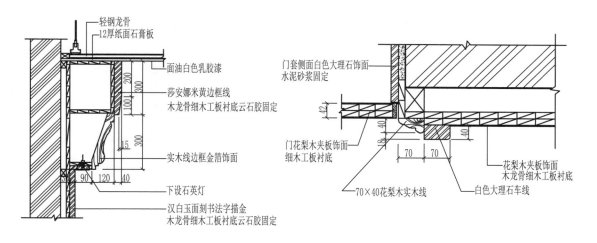

B剖面图　　　　　　　　　C剖面图

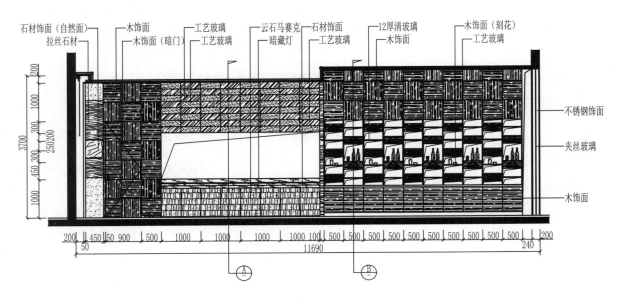

石材饰面（自然面） 木饰面 工艺玻璃 云石马赛克 石材饰面 12厚清玻璃 木饰面（刻花）
拉丝石材 木饰面（暗门） 工艺玻璃 暗藏灯 工艺玻璃 木饰面 工艺玻璃

不锈钢饰面

夹丝玻璃

木饰面

立面图

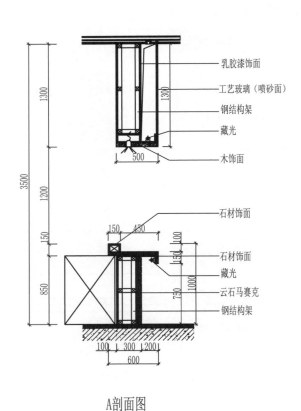

乳胶漆饰面
工艺玻璃（喷砂面）
钢结构架
藏光
木饰面

石材饰面
石材饰面
藏光
云石马赛克
钢结构架

A剖面图

乳胶漆饰面
木饰面
钢结构架
清玻璃饰面
木饰面（刻花）
19厚钢化玻璃
木饰面（刻花）
清玻璃饰面
木饰面
木饰面

B剖面图

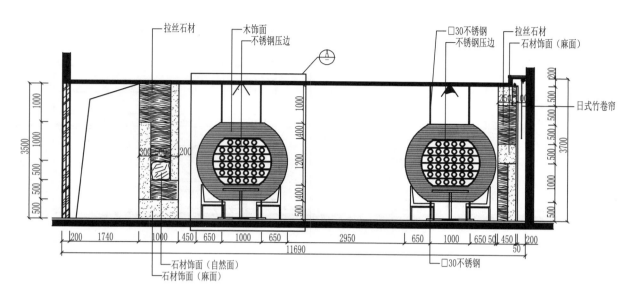

立面图

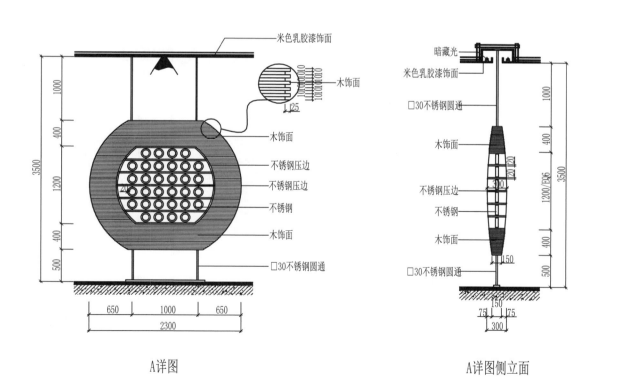

A详图

A详图侧立面

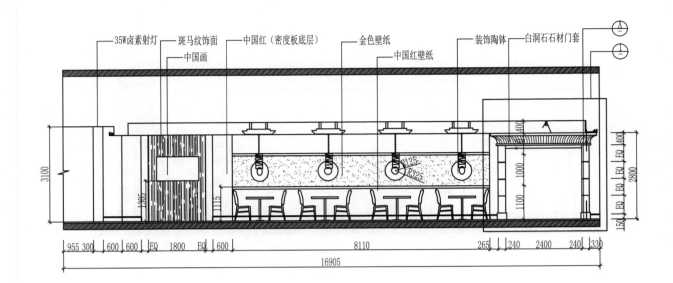

立面图

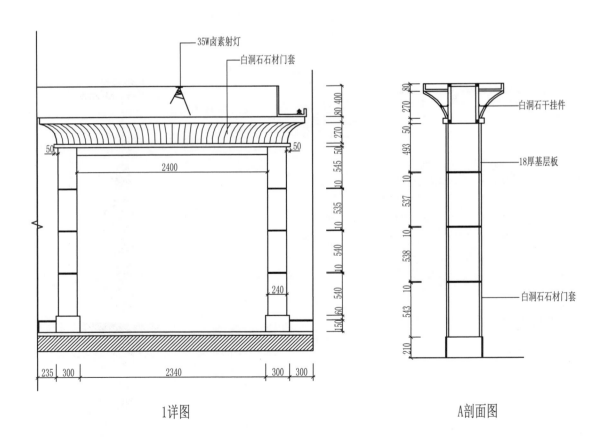

1详图

A剖面图

墙面 17

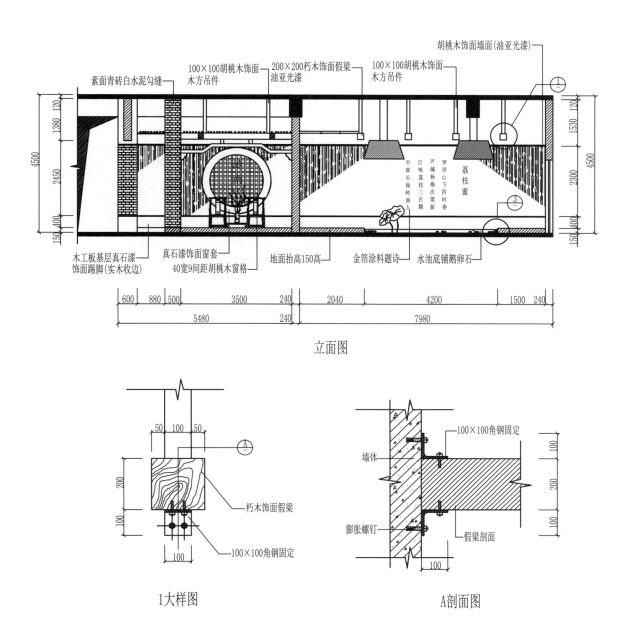

素面青砖白水泥勾缝
100×100胡桃木饰面 木方吊件
200×200朽木饰面假梁 油亚光漆
100×100胡桃木饰面 木方吊件
胡桃木饰面墙面(油亚光漆)

罗浮山下四时春
芦橘杨梅次第新
日啖荔枝三百颗
不辞长做岭南人

荔枝蜜

木工板基层真石漆 饰面踢脚(实木收边)
真石漆饰面窗套
40宽9间距胡桃木窗格
地面抬高150高
金箔涂料题诗
水池底铺鹅卵石

600　880　500　　3500　　240　　2040　　4200　　1500　240
5480　　240　　7980

立面图

朽木饰面假梁
100×100角钢固定

1大样图

100×100角钢固定
墙体
膨胀螺钉
假梁剖面

A剖面图

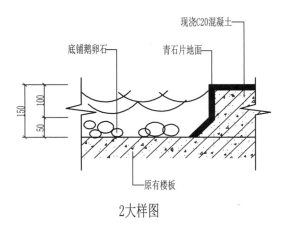

现浇C20混凝土
底铺鹅卵石
青石片地面
原有楼板

2大样图

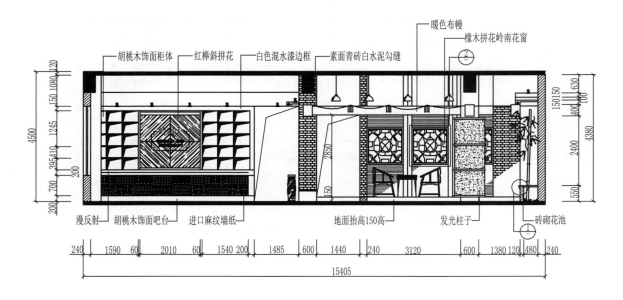

胡桃木饰面柜体　红榉斜拼花　白色混水漆边框　素面青砖白水泥勾缝　暖色布幔　橡木拼花岭南花窗

漫反射　胡桃木饰面吧台　进口麻纹墙纸　地面抬高150高　发光柱子　砖砌花池

立面图

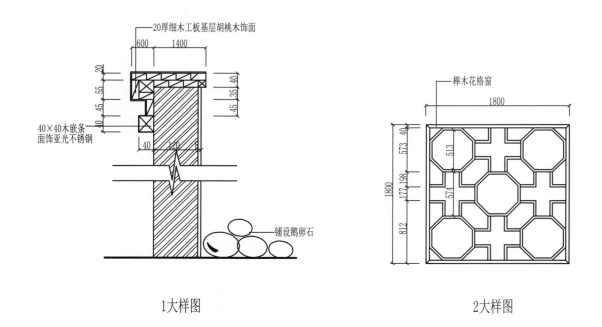

20厚细木工板基层胡桃木饰面

40×40木嵌条
面饰亚光不锈钢

铺设鹅卵石

1大样图

榉木花格窗

2大样图

墙面 19

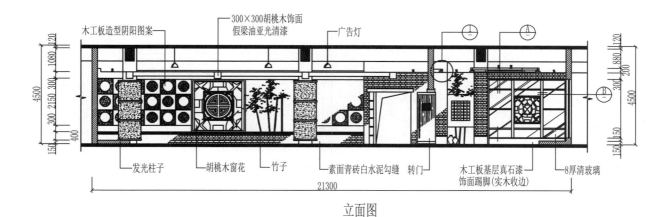

木工板造型阴阳图案
300×300胡桃木饰面假梁油亚光清漆
广告灯

发光柱子　胡桃木窗花　竹子　素面青砖白水泥勾缝　转门　木工板基层真石漆饰面踢脚(实木收边)　8厚清玻璃

21300

立面图

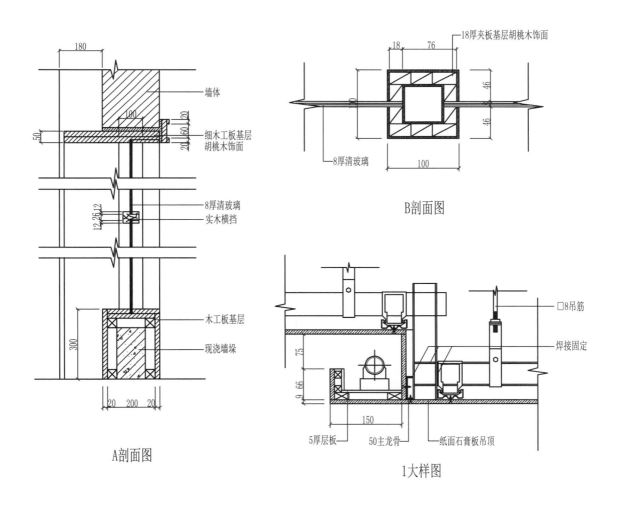

墙体

细木工板基层胡桃木饰面

8厚清玻璃
实木横挡

木工板基层
现浇墙垛

A剖面图

18厚夹板基层胡桃木饰面

8厚清玻璃

B剖面图

□8吊筋

焊接固定

5厚层板　50主龙骨　纸面石膏板吊顶

1大样图

墙面 20

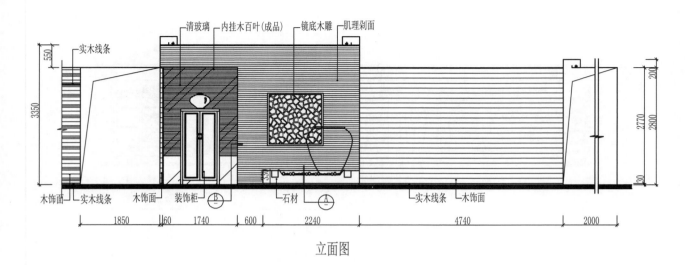

立面图

鹅卵石

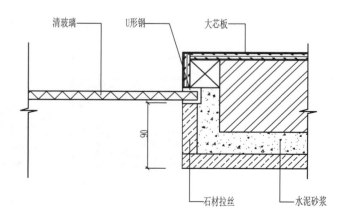

A剖面图

B剖面图

1.2 顶面设计方案

顶面 1

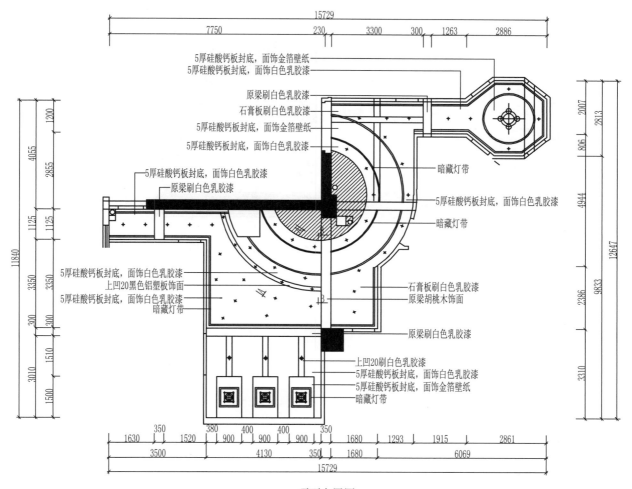

顶面布置图

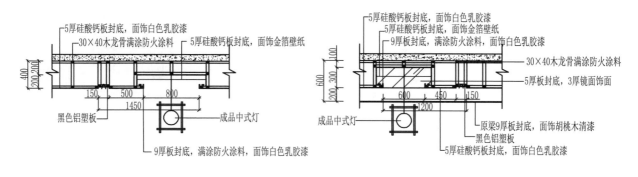

A剖面图   B剖面图

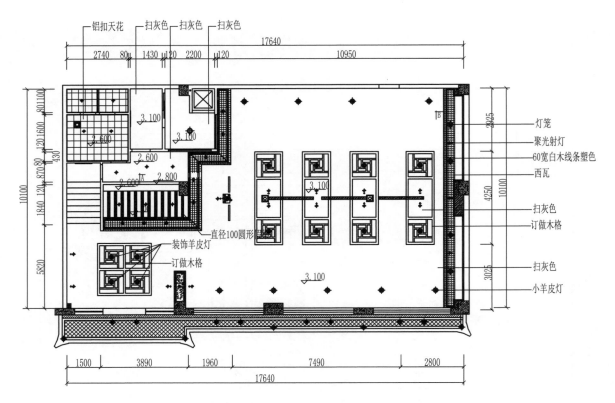

铝扣天花　扫灰色　扫灰色　扫灰色

灯笼
聚光射灯
60宽白木线条塑色
西瓦
扫灰色
订做木格
扫灰色
小羊皮灯

直径100圆形
装饰羊皮灯
订做木格

顶面布置图

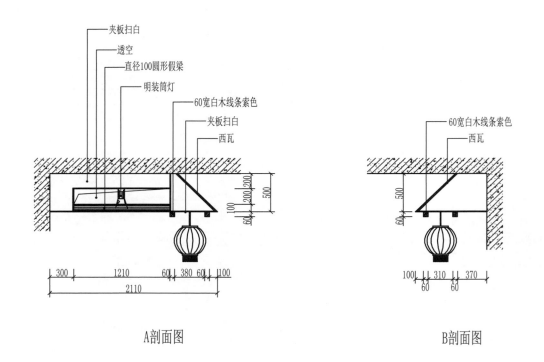

夹板扫白
透空
直径100圆形假梁
明装筒灯
60宽白木线条索色
夹板扫白
西瓦

60宽白木线条索色
西瓦

A剖面图　　　　　　　　　　　　B剖面图

顶面 3

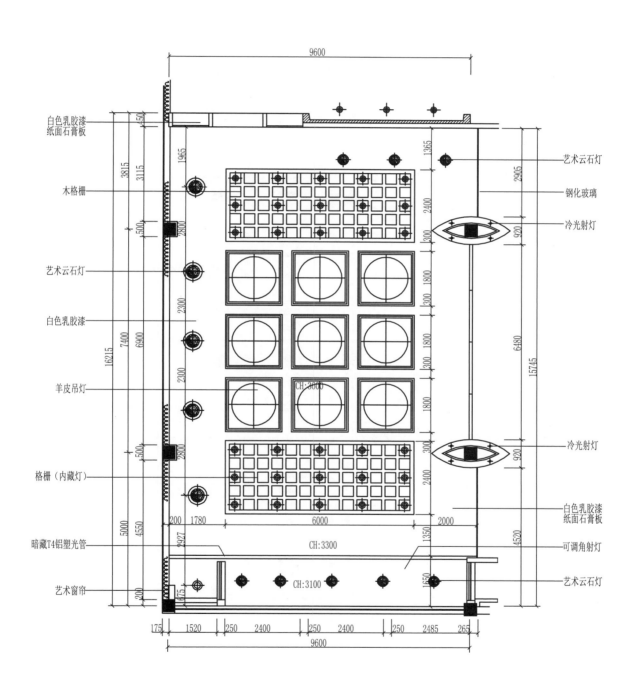

白色乳胶漆
纸面石膏板

木格栅

艺术云石灯

白色乳胶漆

羊皮吊灯

格栅（内藏灯）

暗藏T4铝塑光管

艺术窗帘

艺术云石灯

钢化玻璃

冷光射灯

冷光射灯

白色乳胶漆
纸面石膏板

可调角射灯

艺术云石灯

9600

450

3815　3115

1965

500

2800

2300

16215　7400　6900

2300

CH:3600

1800

1800

1800

500

2800

5000　4550

2927

200　1780

CH:3300

6000

2000

1350

1475

200

CH:3100

1650

175　1520　250　2400　250　2400　250　2485　265

9600

1365

2905

2400

1300

920

1800

6480　15745

300

2400

920

4520

顶面布置图

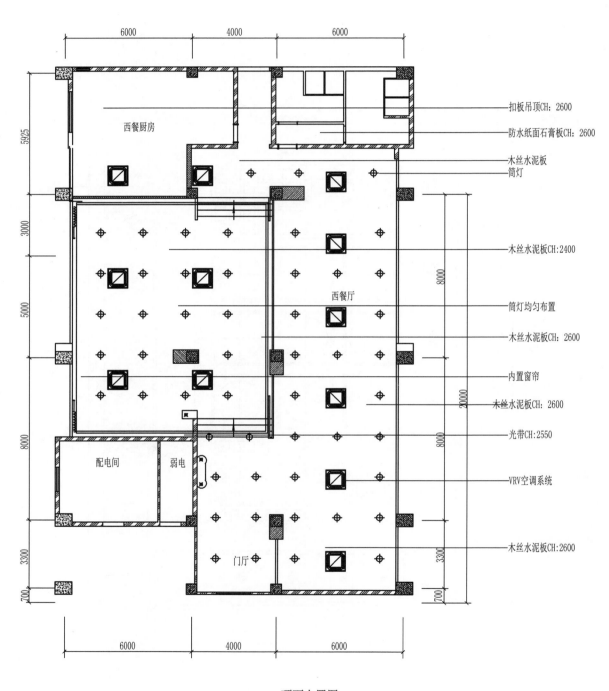

6000	4000	6000

西餐厨房

扣板吊顶CH：2600

防水纸面石膏板CH：2600

木丝水泥板
筒灯

木丝水泥板CH：2400

西餐厅

筒灯均匀布置

木丝水泥板CH：2600

内置窗帘

木丝水泥板CH：2600

光带CH：2550

VRV空调系统

木丝水泥板CH：2600

配电间　弱电

门厅

5925　3000　5000　8000　3300　700

8000　8000　20000

6000　4000　6000

顶面布置图

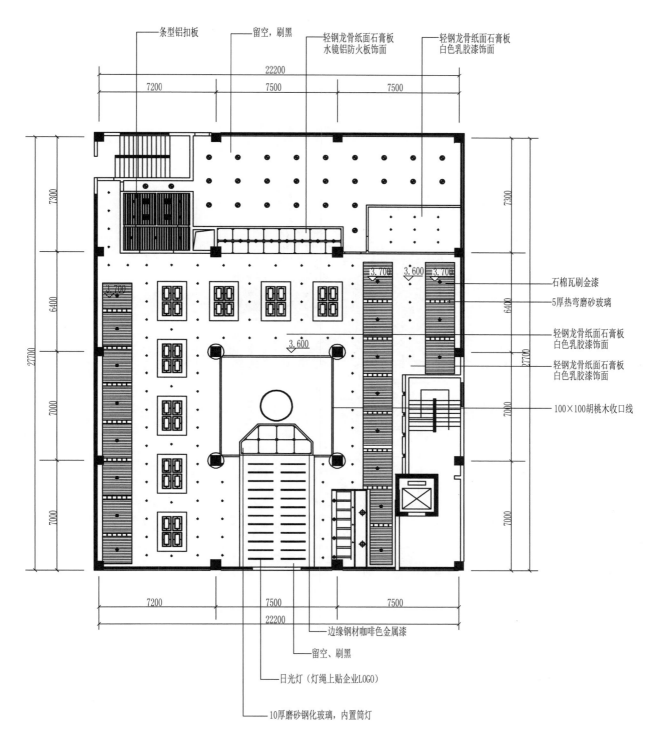

条型铝扣板

留空，刷黑

轻钢龙骨纸面石膏板
水镜铝防火板饰面

轻钢龙骨纸面石膏板
白色乳胶漆饰面

22200

7200   7500   7500

7300

6400

27700

7000

7000

3.700   3.600   3.700

3.600

石棉瓦刷金漆

5厚热弯磨砂玻璃

轻钢龙骨纸面石膏板
白色乳胶漆饰面

轻钢龙骨纸面石膏板
白色乳胶漆饰面

100×100胡桃木收口线

7300

6400

27700

7000

7000

7200   7500   7500

22200

边缘钢材咖啡色金属漆

留空、刷黑

日光灯（灯绳上贴企业LOGO）

10厚磨砂钢化玻璃，内置筒灯

顶面布置图

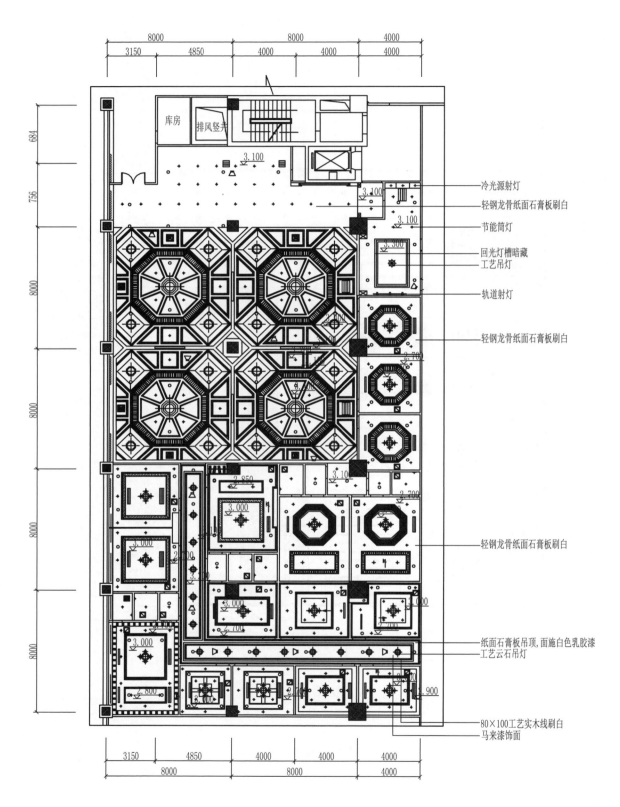

冷光源射灯
轻钢龙骨纸面石膏板刷白
节能筒灯
回光灯槽暗藏
工艺吊灯
轨道射灯
轻钢龙骨纸面石膏板刷白
轻钢龙骨纸面石膏板刷白
纸面石膏板吊顶,面施白色乳胶漆
工艺云石吊灯
80×100工艺实木线刷白
马来漆饰面

顶面布置图

顶面 7

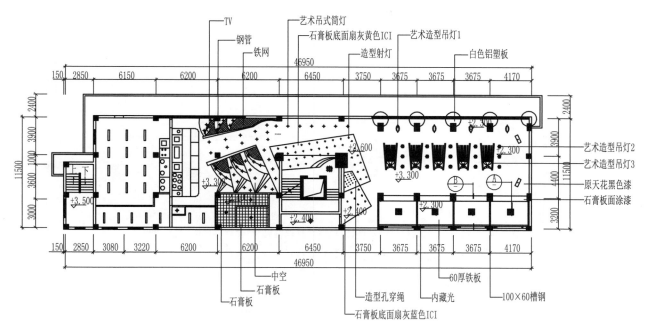

顶面布置图

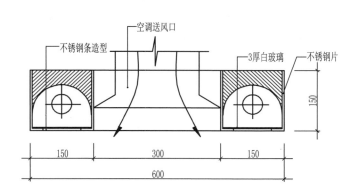

A剖面图

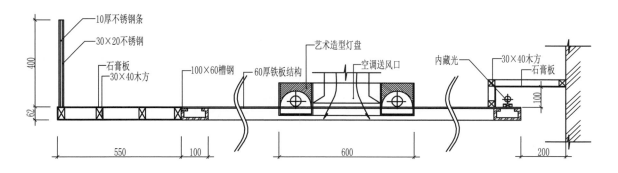

B剖面图

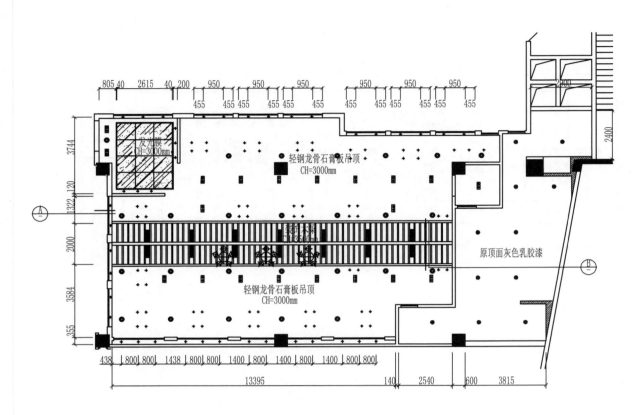

顶面布置图

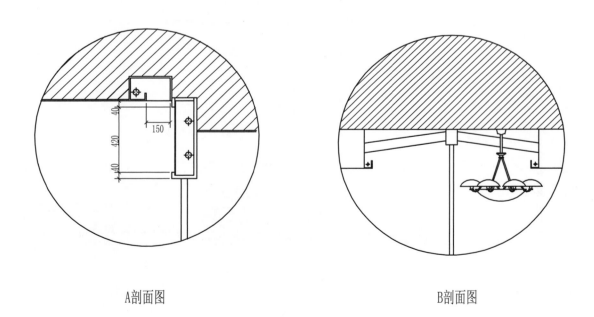

A剖面图   B剖面图

1.3 地面设计方案

地面 1

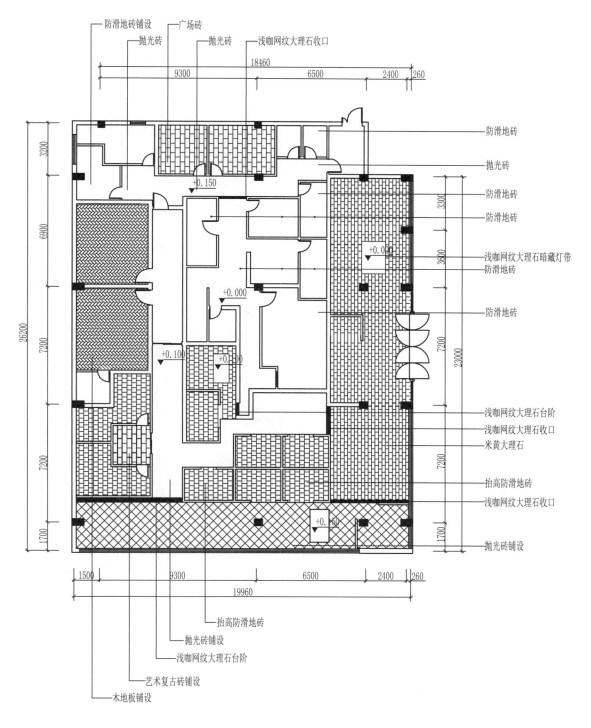

防滑地砖铺设　广场砖
抛光砖　　　抛光砖　　浅咖网纹大理石收口

18460
9300　　　6500　　2400　260

防滑地砖
抛光砖
防滑地砖
防滑地砖
浅咖网纹大理石暗藏灯带
防滑地砖
防滑地砖
浅咖网纹大理石台阶
浅咖网纹大理石收口
米黄大理石
抬高防滑地砖
浅咖网纹大理石收口
抛光砖铺设

+0.150
+0.000
+0.000
+0.100
+0.100
+0.150

3200　6900　7200　7200　1700
26200

3300　3600　7200　7200　1700
23000

1500　9300　6500　2400　260
19960

抬高防滑地砖
抛光砖铺设
浅咖网纹大理石台阶
艺术复古砖铺设
木地板铺设

地面布置图

地面 2

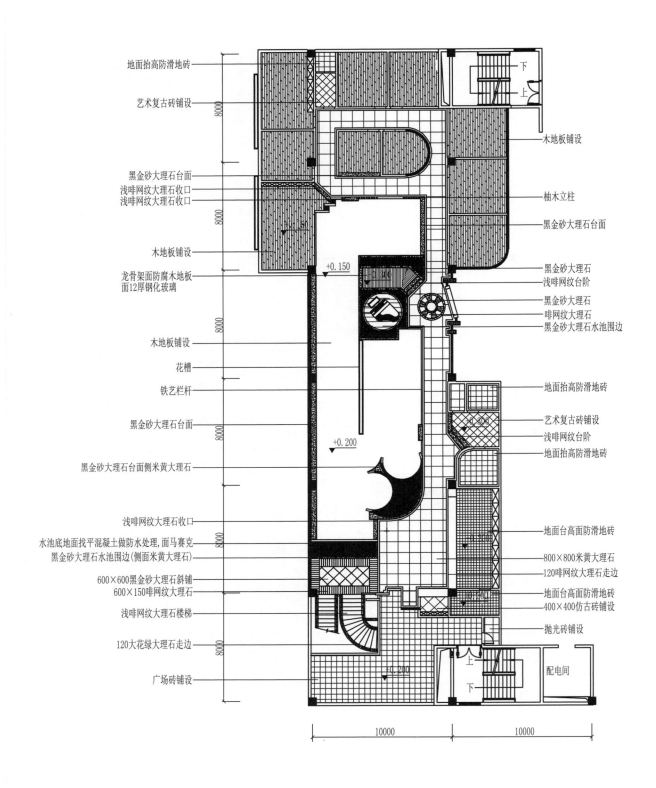

地面抬高防滑地砖

艺术复古砖铺设

黑金砂大理石台面
浅啡网纹大理石收口
浅啡网纹大理石收口

木地板铺设

龙骨架面防腐木地板
面12厚钢化玻璃

木地板铺设

花槽

铁艺栏杆

黑金砂大理石台面

黑金砂大理石台面侧米黄大理石

浅啡网纹大理石收口

水池底地面找平混凝土做防水处理, 面马赛克
黑金砂大理石水池围边(侧面米黄大理石)

600×600黑金砂大理石斜铺
600×150啡网纹大理石

浅啡网纹大理石楼梯

120大花绿大理石走边

广场砖铺设

木地板铺设

柚木立柱

黑金砂大理石台面

黑金砂大理石
浅啡网纹台阶

黑金砂大理石
啡网纹大理石
黑金砂大理石水池围边

地面抬高防滑地砖

艺术复古砖铺设
浅啡网纹台阶
地面抬高防滑地砖

地面台高面防滑地砖

800×800米黄大理石
120啡网纹大理石走边

地面台高面防滑地砖
400×400仿古砖铺设

抛光砖铺设

配电间

下
上

上
下

+0.150

+0.200

8000
8000
8000
8000
8000
8000

10000
10000

地面布置图

地面 3

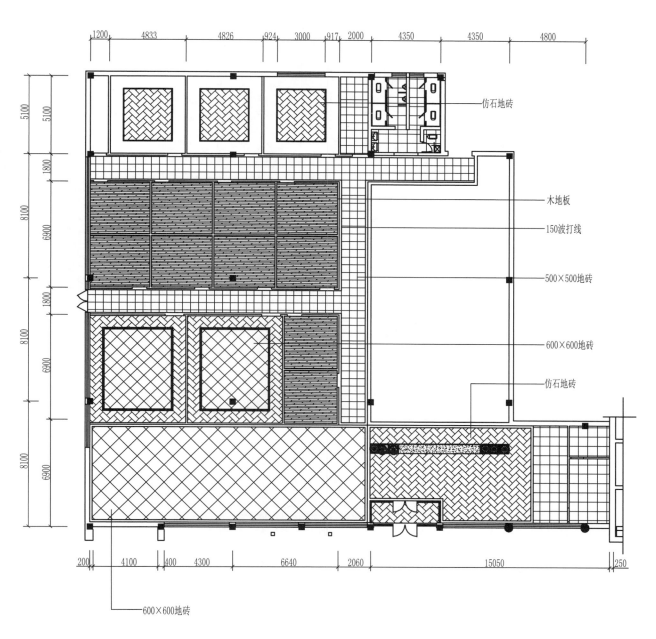

仿石地砖

木地板

150波打线

500×500地砖

600×600地砖

仿石地砖

600×600地砖

地面布置图

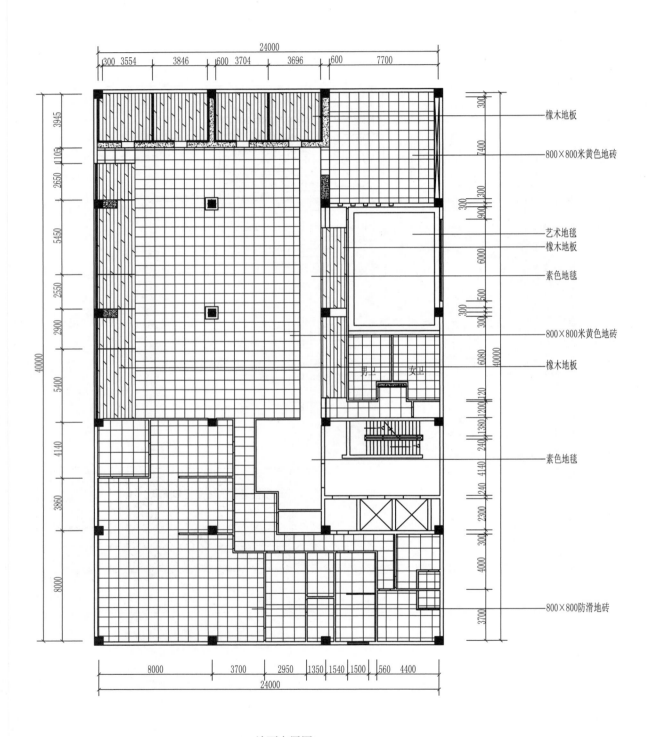

地面布置图

橡木地板

800×800米黄色地砖

艺术地毯
橡木地板

素色地毯

800×800米黄色地砖

橡木地板

素色地毯

800×800防滑地砖

地面 5

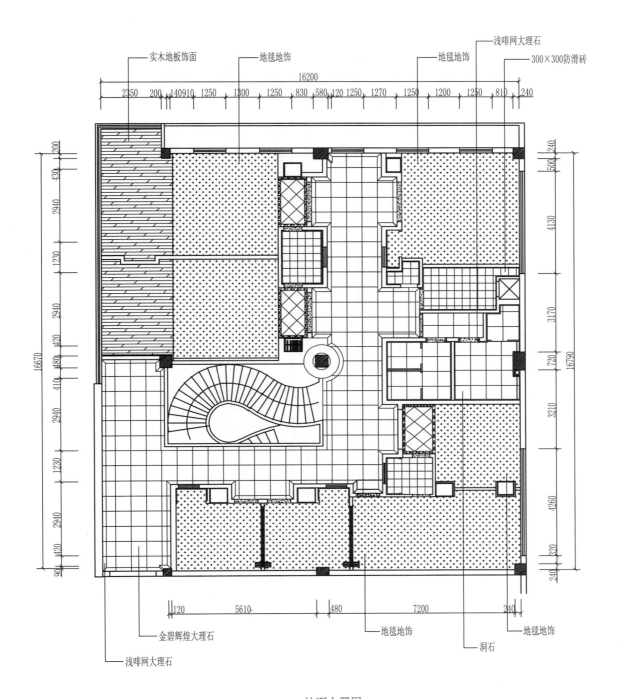

实木地板饰面　　地毯地饰　　　　地毯地饰　　浅啡网大理石　　300×300防滑砖

16200

2350　200　140 910　1250　1300　1250　830 580 120 1250　1270　1250　1200　1250　810　240

3200
430
2940
1230
2940
420
480
4110
2940
1230
2940
420
900

16670

500 240
4130
3170
720
3210
4260
320
240

16790

120　5610　480　7200　240

金碧辉煌大理石　　　　　　　地毯地饰　　　　　地毯地饰
浅啡网大理石　　　　　　　　　　　　　洞石

地面布置图

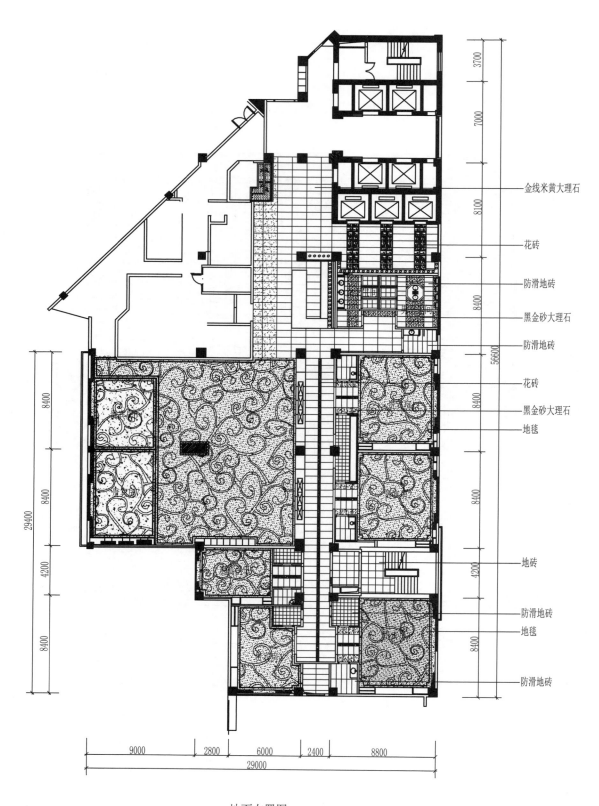

金线米黄大理石

花砖

防滑地砖

黑金砂大理石

防滑地砖

花砖

黑金砂大理石

地毯

地砖

防滑地砖

地毯

防滑地砖

地面布置图

1.4 服务台设计方案

服务台1

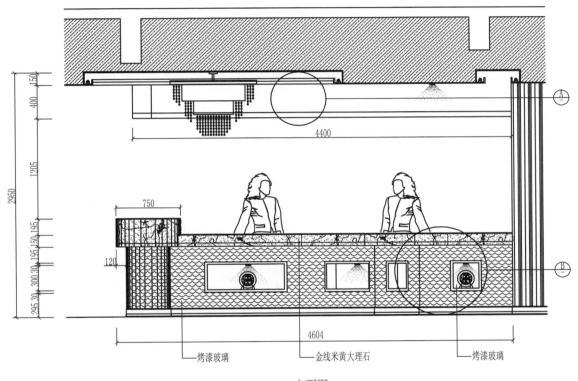

烤漆玻璃　　金线米黄大理石　　烤漆玻璃

立面图

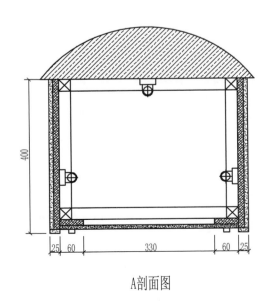

A剖面图

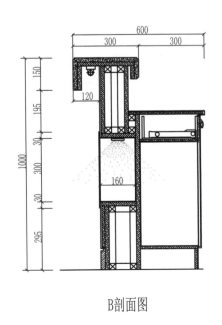

B剖面图

服务台 2

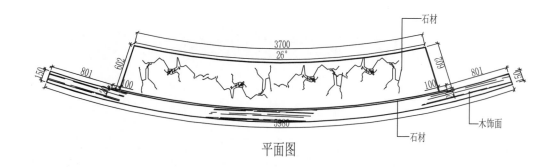

平面图

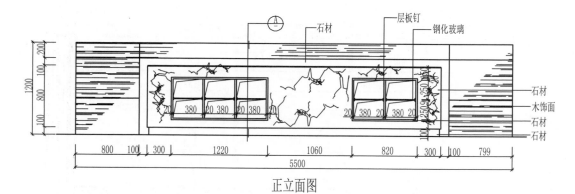

正立面图

背立面图

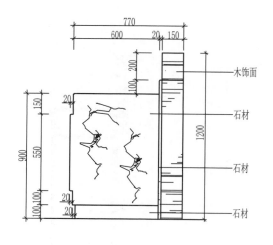

侧立面图

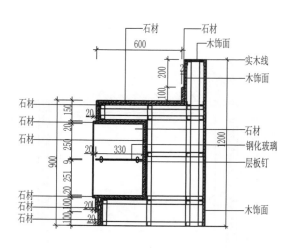

A剖面图

服务台 3

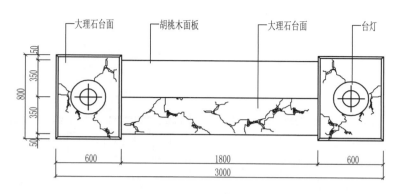

平面图

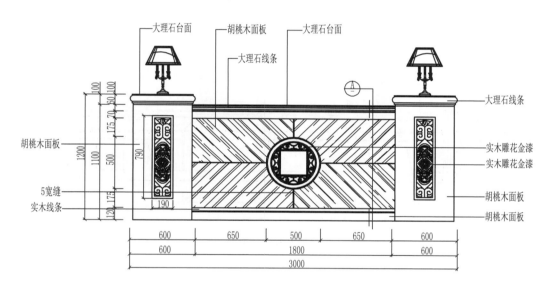

立面图

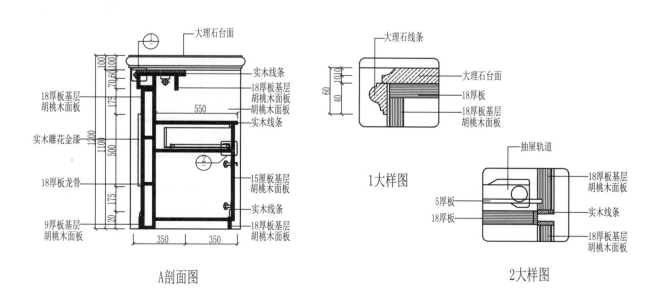

A剖面图

1大样图

2大样图

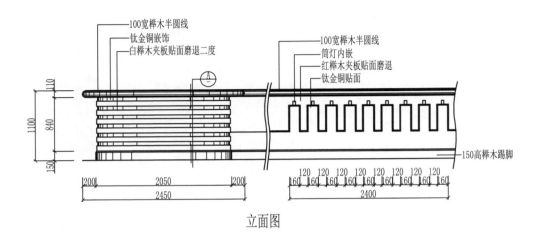

立面图

100宽榉木半圆线
钛金铜嵌饰
白榉木夹板贴面磨退二度

100宽榉木半圆线
筒灯内嵌
红榉木夹板贴面磨退
钛金铜贴面

150高榉木踢脚

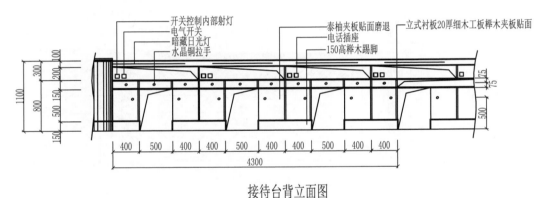

接待台背立面图

开关控制内部射灯
电气开关
暗藏日光灯
水晶铜拉手

泰柚夹板贴面磨退
电话插座
150高榉木踢脚

立式衬板20厚细木工板榉木夹板贴面

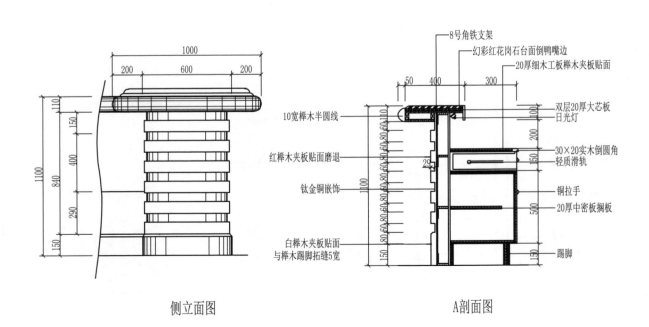

侧立面图

A剖面图

8号角铁支架
幻彩红花岗石台面倒鸭嘴边
20厚细木工板榉木夹板贴面
双层20厚大芯板
日光灯
30×20实木倒圆角
轻质滑轨
铜拉手
20厚中密板搁板
踢脚

10宽榉木半圆线
红榉木夹板贴面磨退
钛金铜嵌饰
白榉木夹板贴面
与榉木踢脚拓缝5宽

服务台5

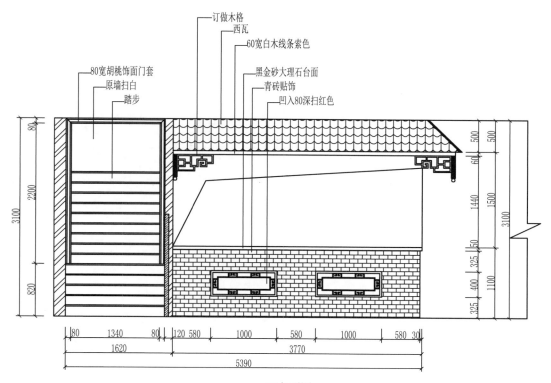

订做木格
西瓦
60宽白木线条索色
黑金砂大理石台面
青砖贴饰
凹入80深扫红色

80宽胡桃饰面门套
原墙扫白
踏步

正立面图

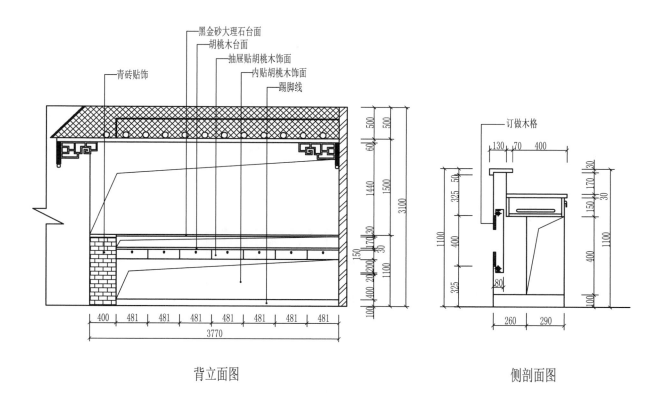

黑金砂大理石台面
胡桃木台面
抽屉贴胡桃木饰面
内贴胡桃木饰面
踢脚线

青砖贴饰

订做木格

背立面图

侧剖面图

服务台 6

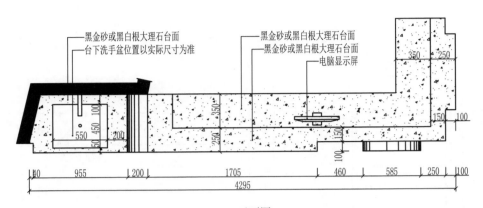

黑金砂或黑白根大理石台面
台下洗手盆位置以实际尺寸为准
黑金砂或黑白根大理石台面
黑金砂或黑白根大理石台面
电脑显示屏

平面图

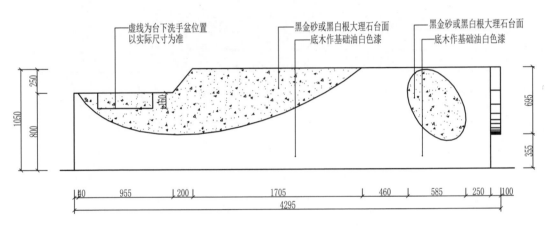

虚线为台下洗手盆位置以实际尺寸为准
黑金砂或黑白根大理石台面
底木作基础油白色漆
黑金砂或黑白根大理石台面
底木作基础油白色漆

正立面图

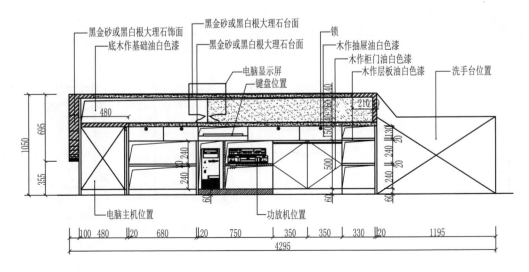

黑金砂或黑白根大理石饰面
底木作基础油白色漆
黑金砂或黑白根大理石台面
黑金砂或黑白根大理石台面
电脑显示屏
键盘位置
锁
木作抽屉油白色漆
木作柜门油白色漆
木作层板油白色漆
洗手台位置
电脑主机位置
功放机位置

背立面图

服务台7

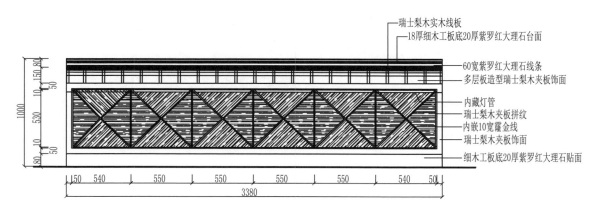

瑞士梨木实木线板
18厚细木工板底20厚紫罗红大理石台面
60宽紫罗红大理石线条
多层板造型瑞士梨木夹板饰面
内藏灯管
瑞士梨木夹板拼纹
内嵌10宽霾金线
瑞士梨木夹板饰面
细木工板底20厚紫罗红大理石贴面

正立面图

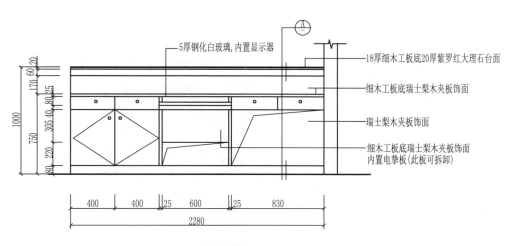

5厚钢化白玻璃,内置显示器
18厚细木工板底20厚紫罗红大理石台面
细木工板底瑞士梨木夹板饰面
瑞士梨木夹板饰面
细木工板底瑞士梨木夹板饰面
内置电挚板(此板可拆卸)

背立面图

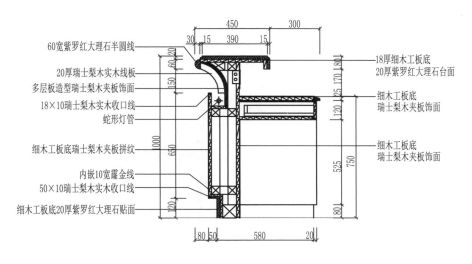

60宽紫罗红大理石半圆线
20厚瑞士梨木实木线板
多层板造型瑞士梨木夹板饰面
18×10瑞士梨木实木收口线
蛇形灯管
细木工板底瑞士梨木夹板拼纹
内嵌10宽霾金线
50×10瑞士梨木实木收口线
细木工板底20厚紫罗红大理石贴面
18厚细木工板底20厚紫罗红大理石台面
细木工板底瑞士梨木夹板饰面
细木工板底瑞士梨木夹板饰面

A剖面图

服务台 8

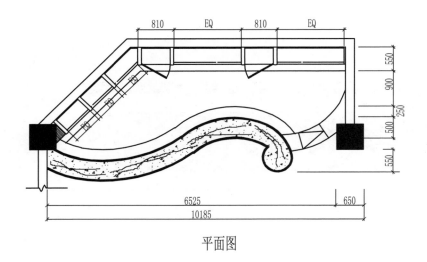

平面图

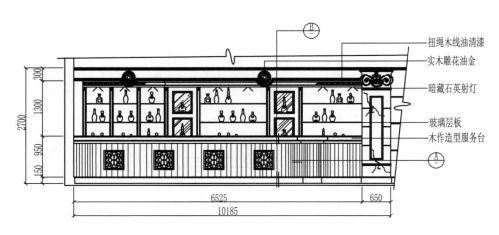

立面图

扭绳木线油清漆
实木雕花油金
暗藏石英射灯
玻璃层板
木作造型服务台

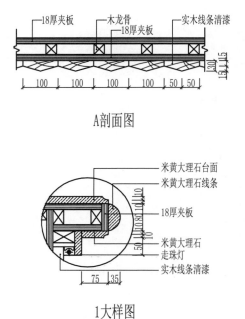

18厚夹板
木龙骨
18厚夹板
实木线条清漆

A剖面图

米黄大理石台面
米黄大理石线条
18厚夹板
米黄大理石
走珠灯
实木线条清漆

1大样图

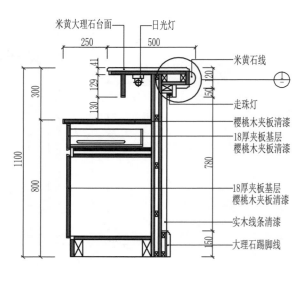

米黄大理石台面
日光灯
米黄石线
走珠灯
樱桃木夹板清漆
18厚夹板基层
樱桃木夹板清漆
18厚夹板基层
樱桃木夹板清漆
实木线条清漆
大理石踢脚线

B剖面图

1.5 电梯间设计方案

电梯间 1

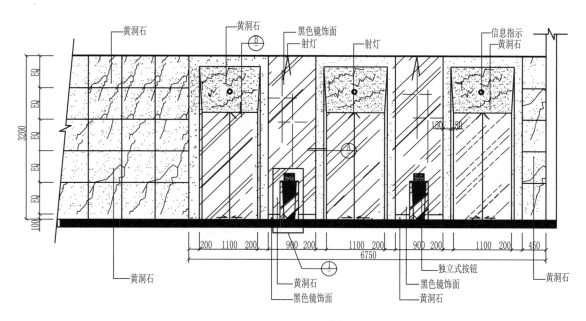

立面图

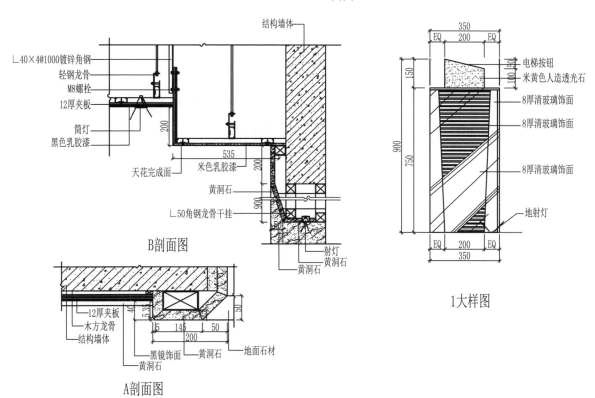

B剖面图

A剖面图

1大样图

电梯间 2

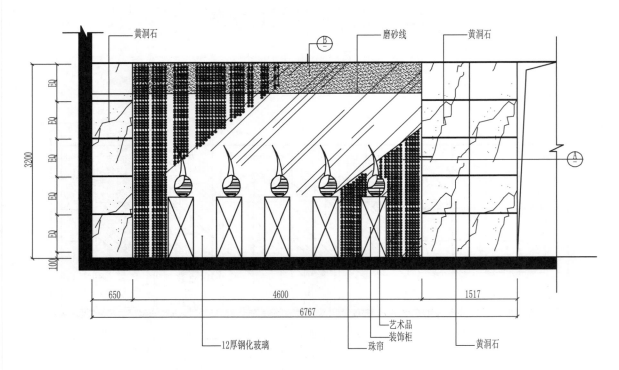

黄洞石　　　　　　磨砂线　　　黄洞石

12厚钢化玻璃　　　珠帘　　　黄洞石

艺术品装饰柜

立面图

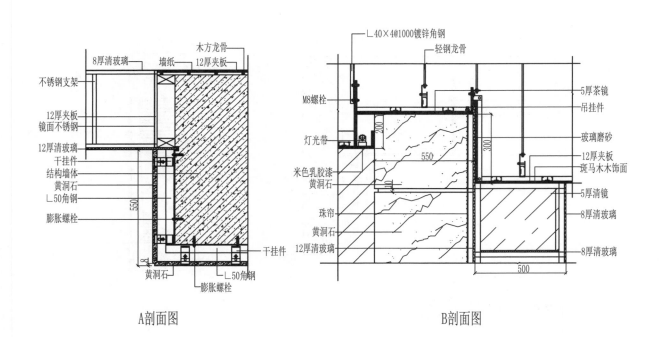

8厚清玻璃　　木方龙骨　墙纸　12厚夹板

不锈钢支架
12厚夹板
镜面不锈钢
12厚清玻璃
干挂件
结构墙体
黄洞石
L50角钢
膨胀螺栓

干挂件

黄洞石　L50角钢
膨胀螺栓

A剖面图

L40×4@1000镀锌角钢
轻钢龙骨
M8螺栓
灯光带
米色乳胶漆
黄洞石
珠帘
黄洞石
12厚清玻璃

5厚茶镜
吊挂件
玻璃磨砂
12厚夹板
斑马木木饰面
5厚清镜
8厚清玻璃
8厚清玻璃

B剖面图

电梯间 3

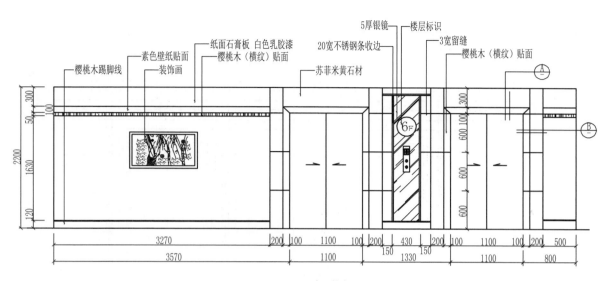

素色壁纸贴面　纸面石膏板　白色乳胶漆　5厚银镜　楼层标识
樱桃木踢脚线　装饰画　樱桃木（横纹）贴面　20宽不锈钢条收边　3宽留缝　樱桃木（横纹）贴面　苏菲米黄石材

立面图

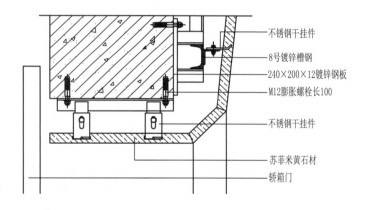

不锈钢干挂件
8号镀锌槽钢
240×200×12镀锌钢板
M12膨胀螺栓长100
不锈钢干挂件
苏菲米黄石材
轿箱门

A剖面图

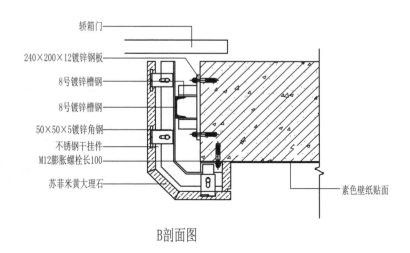

轿箱门
240×200×12镀锌钢板
8号镀锌槽钢
8号镀锌槽钢
50×50×5镀锌角钢
不锈钢干挂件
M12膨胀螺栓长100
苏菲米黄大理石
素色壁纸贴面

B剖面图

───────────── 电梯间 4 ─────────────

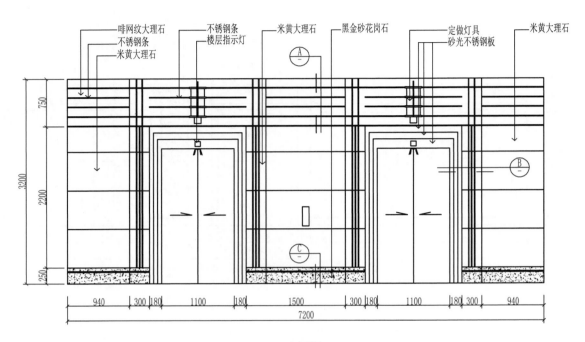

啡网纹大理石　不锈钢条　米黄大理石　黑金砂花岗石　定做灯具　米黄大理石
不锈钢条　楼层指示灯　　　　　　　　　　　　　砂光不锈钢板
米黄大理石

750
3200
2200
250

940　300 180　1100　180　1500　300 180　1100　180 300　940
7200

立面图

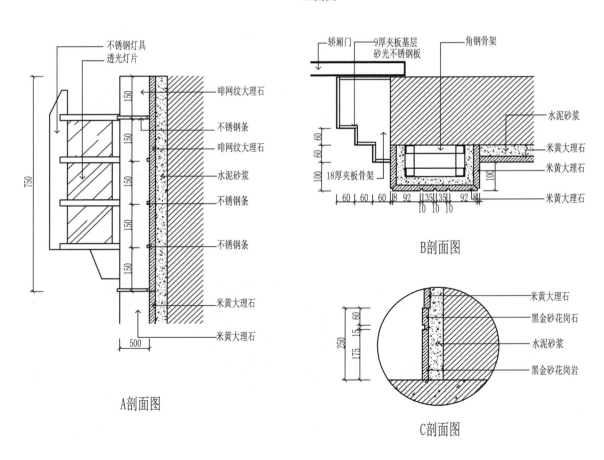

不锈钢灯具
透光灯片

啡网纹大理石

不锈钢条

啡网纹大理石

水泥砂浆

不锈钢条

不锈钢条

米黄大理石

米黄大理石

150
150
150
150
150
750
500

A剖面图

轿厢门　9厚夹板基层　角钢骨架
砂光不锈钢板

水泥砂浆

米黄大理石
米黄大理石

18厚夹板骨架

米黄大理石

60 60
100
60 60 8 92 35 35 92 8
10 10 10

B剖面图

米黄大理石
黑金砂花岗石
水泥砂浆
黑金砂花岗岩

60 15 175
250

C剖面图

1.6 卫生间设计方案

卫生间 1

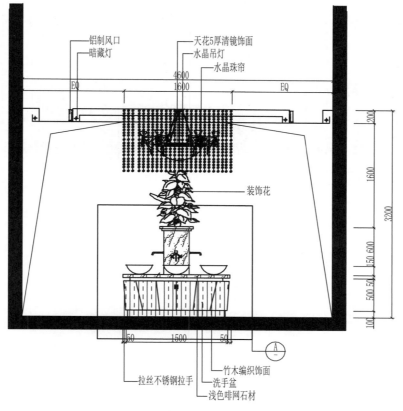

铝制风口
暗藏灯
天花5厚清镜饰面
水晶吊灯
水晶珠帘
4600
1600
EQ
EQ
装饰花
200
1600
3200
150 600
500 50
100
150 1500 50
拉丝不锈钢拉手
洗手盆
竹木编织饰面
浅色啡网石材

立面图

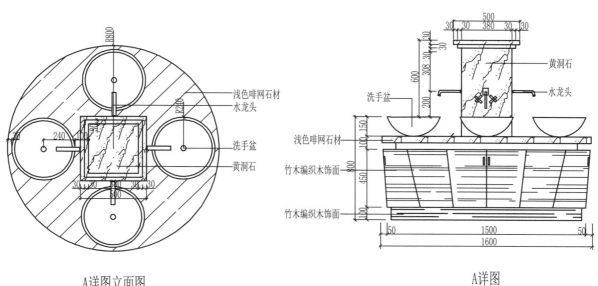

R800
浅色啡网石材
水龙头
洗手盆
黄洞石
R240
240
30 30 30 30

A详图立面图

500
30 30 380 30 30
30
30
308 30
600
黄洞石
洗手盆
水龙头
200
浅色啡网石材
150 150
竹木编织木饰面
800
450
竹木编织木饰面
100
50 1500 50
1600

A详图

卫生间 2

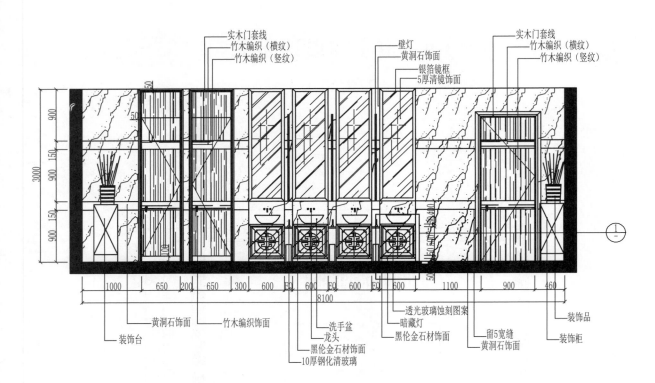

实木门套线
竹木编织（横纹）
竹木编织（竖纹）
壁灯
黄洞石饰面
银箔镜框
5厚清镜饰面
实木门套线
竹木编织（横纹）
竹木编织（竖纹）

黄洞石饰面
竹木编织饰面
洗手盆
龙头
黑伦金石材饰面
10厚钢化清玻璃
透光玻璃蚀刻图案
暗藏灯
黑伦金石材饰面
留5宽缝
黄洞石饰面
装饰品
装饰柜
装饰台

立面图

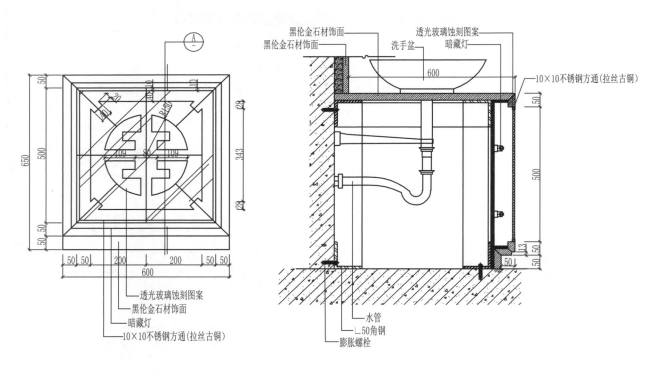

透光玻璃蚀刻图案
黑伦金石材饰面
暗藏灯
10×10不锈钢方通(拉丝古铜)

黑伦金石材饰面
黑伦金石材饰面
洗手盆
透光玻璃蚀刻图案
暗藏灯
10×10不锈钢方通(拉丝古铜)
水管
∟50角钢
膨胀螺栓

1详图   A剖面图

卫生间 3

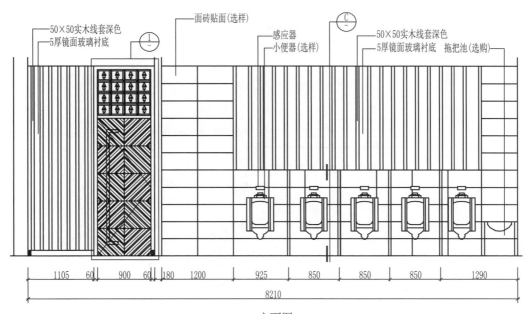

立面图

50×50实木线套深色
5厚镜面玻璃衬底
面砖贴面(选样)
感应器
小便器(选样)
50×50实木线套深色
5厚镜面玻璃衬底 拖把池(选购)

1105 60 900 60 180 1200 925 850 850 850 1290
8210

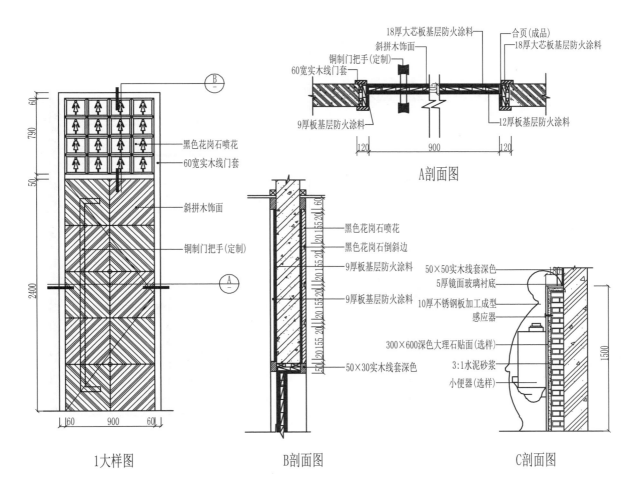

1大样图

60
790
50
2400

60 900 60

黑色花岗石喷花
60宽实木线门套
斜拼木饰面
铜制门把手(定制)

18厚大芯板基层防火涂料
斜拼木饰面
铜制门把手(定制)
60宽实木线门套
合页(成品)
18厚大芯板基层防火涂料
9厚板基层防火涂料
12厚板基层防火涂料

120 900 120

A剖面图

黑色花岗石喷花
黑色花岗石倒斜边
9厚板基层防火涂料
9厚板基层防火涂料
50×30实木线套深色

B剖面图

50×50实木线套深色
5厚镜面玻璃衬底
10厚不锈钢板加工成型
感应器
300×600深色大理石贴面(选样)
3:1水泥砂浆
小便器(选样)

1500

C剖面图

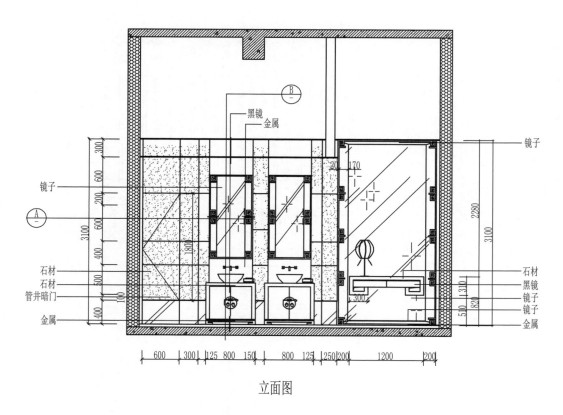

立面图

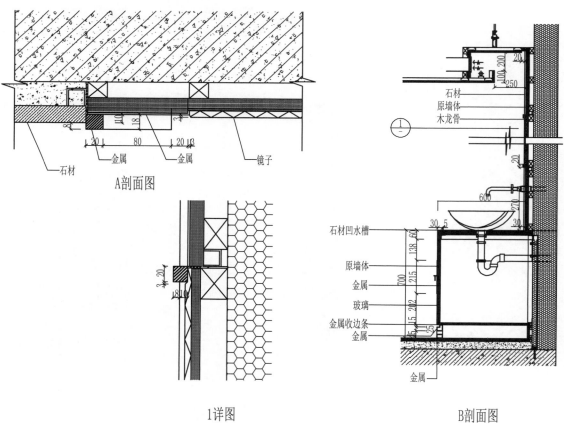

A剖面图

1详图

B剖面图

1.7　家具设计方案

家具 1

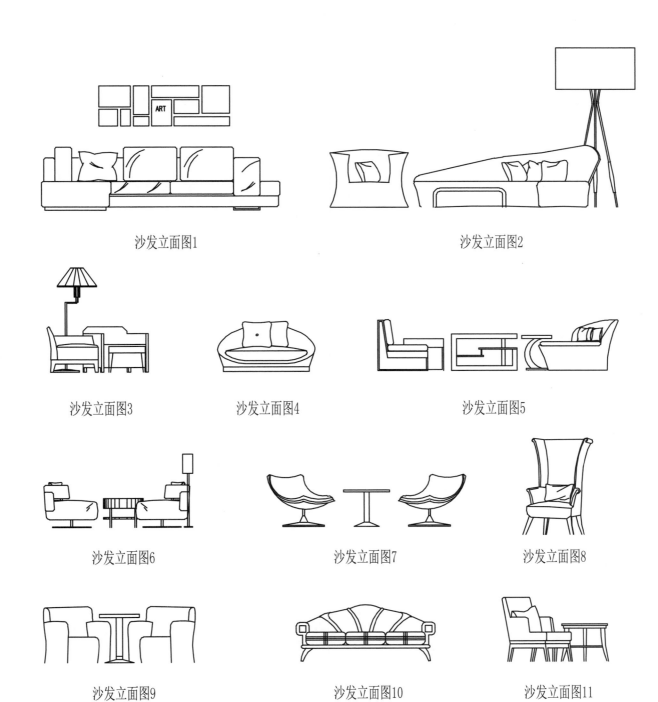

沙发立面图1　　　　　　　　　　　　沙发立面图2

沙发立面图3　　　　沙发立面图4　　　　沙发立面图5

沙发立面图6　　　　沙发立面图7　　　　沙发立面图8

沙发立面图9　　　　沙发立面图10　　　　沙发立面图11

餐椅立面图1　　餐椅立面图2　　餐椅立面图3　　餐椅立面图4　　餐椅立面图5

餐椅立面图6　　餐椅立面图7　　餐椅立面图8　　餐椅立面图9　　餐椅立面图10

餐椅立面图11　　餐椅立面图12　　餐椅立面图13　　餐椅立面图14　　餐椅立面图15

餐椅立面图16　　餐椅立面图17　　餐椅立面图18　　餐椅立面图19　　餐椅立面图20

餐桌椅立面图1

餐桌椅立面图2

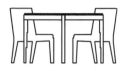

餐桌椅立面图3

餐桌椅立面图4

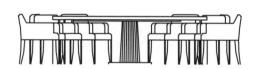

餐桌椅立面图5

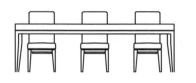

餐桌椅立面图6

餐桌椅立面图7

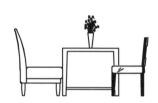

餐桌椅立面图8

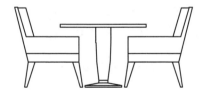

餐桌椅立面图9

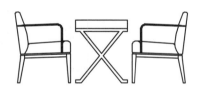

餐桌椅立面图10

餐桌椅立面图11

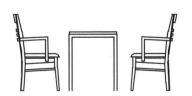

餐桌椅立面图12

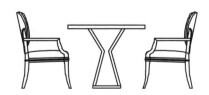

餐桌椅立面图13

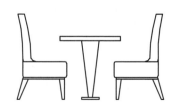

餐桌椅立面图14

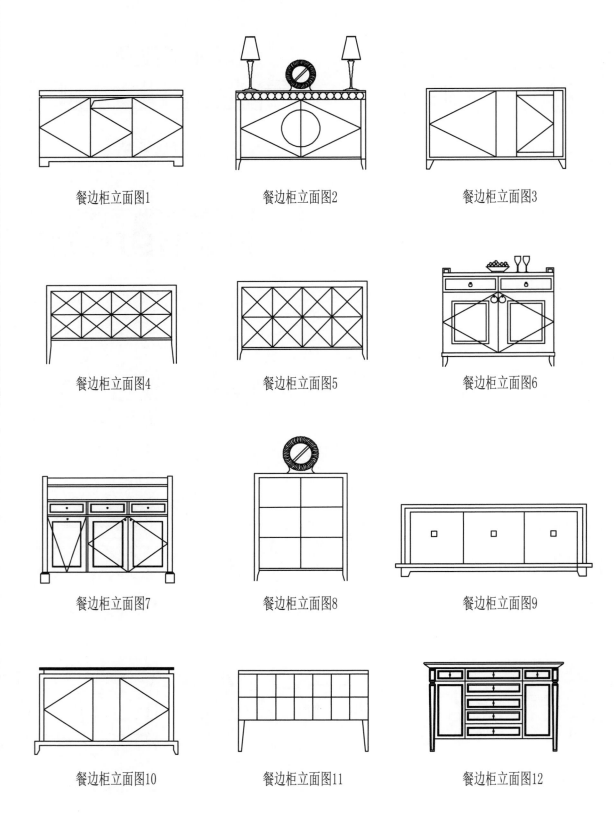

餐边柜立面图1

餐边柜立面图2

餐边柜立面图3

餐边柜立面图4

餐边柜立面图5

餐边柜立面图6

餐边柜立面图7

餐边柜立面图8

餐边柜立面图9

餐边柜立面图10

餐边柜立面图11

餐边柜立面图12

2.1　墙面设计方案

墙面 1

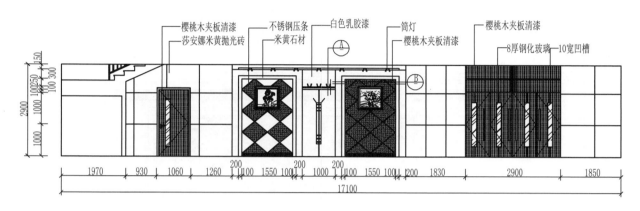

立面图

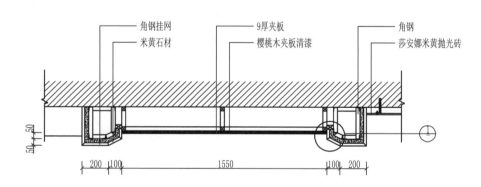

B剖面图

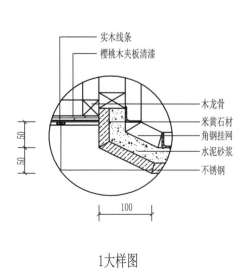

1大样图

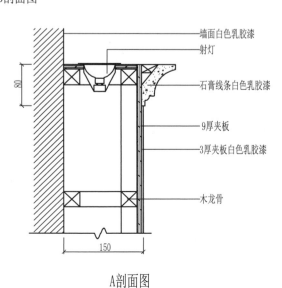

A剖面图

墙面 2

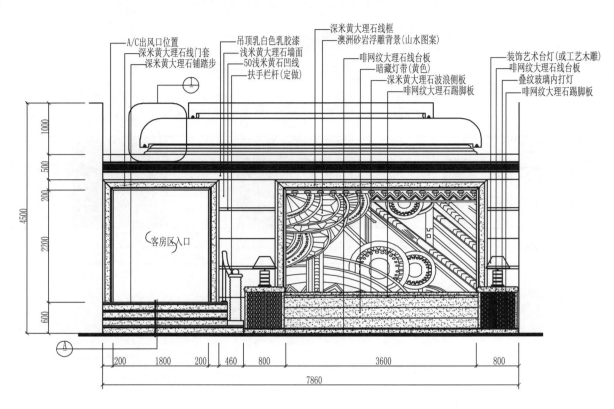

A/C出风口位置
深米黄大理石线门套
深米黄大理石铺踏步
吊顶乳白色乳胶漆
浅米黄大理石墙面
50浅米黄石凹线
扶手栏杆(定做)
深米黄大理石线框
澳洲砂岩浮雕背景(山水图案)
啡网纹大理石线台板
暗藏灯带(黄色)
深米黄大理石波浪侧板
啡网纹大理石踢脚板
装饰艺术台灯(或工艺木雕)
啡网纹大理石线台板
叠纹玻璃内打灯
啡网纹大理石踢脚板

客房区入口

1000
500
200
4500
2200
600

200 1800 200 460 800 3600 800
7860

立面图

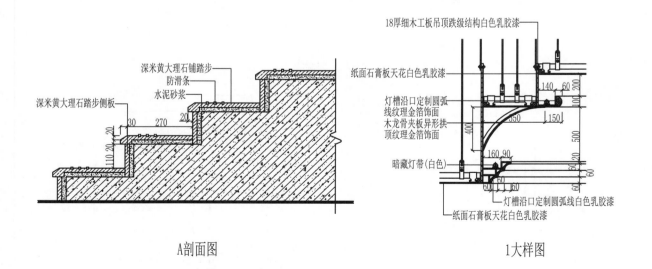

深米黄大理石铺踏步
防滑条
水泥砂浆
深米黄大理石踏步侧板

30 270
20
110 20 20

A剖面图

18厚细木工板吊顶跌级结构白色乳胶漆

纸面石膏板天花白色乳胶漆

灯槽沿口定制圆弧
线纹理金箔饰面
木龙骨夹板异形拱
顶纹理金箔饰面

暗藏灯带(白色)

140 60 200
100 100
350 150
400
500
160 90
60 60
60 20
60

灯槽沿口定制圆弧线白色乳胶漆
纸面石膏板天花白色乳胶漆

1大样图

墙面 3

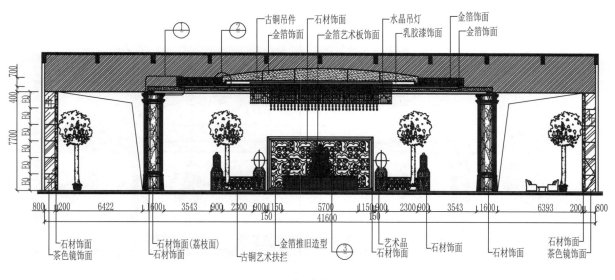

古铜吊件　石材饰面　　　水晶吊灯　　金箔饰面
金箔饰面　金箔艺术板饰面　乳胶漆饰面　金箔饰面

700
400
7700

800 1200 6422 1600 3543 900 2300 900 150 5700 1150 900 2300 900 3543 1600 6393 200 800
150 41600 150

石材饰面　　　石材饰面(荔枝面)　　　金箔推旧造型　　　　艺术品　　石材饰面　　石材饰面　石材饰面
茶色镜饰面　　　石材饰面　　古铜艺术扶拦　　　石材饰面　　石材饰面　茶色镜饰面

立面图

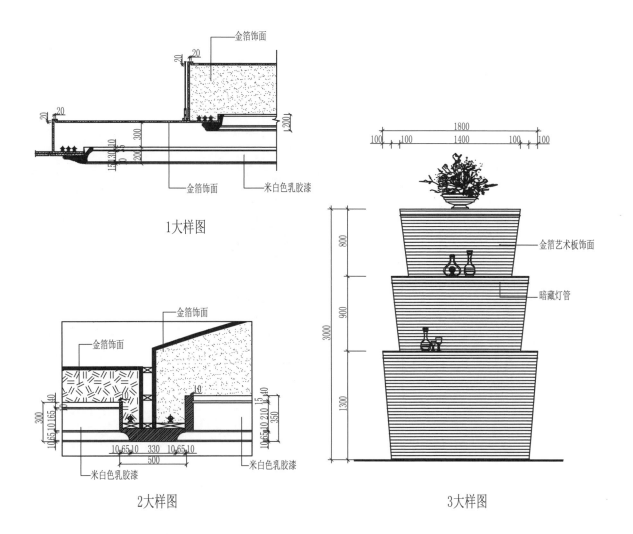

金箔饰面

20 20
20 20
200
300
150 30 10
200

金箔饰面　　米白色乳胶漆

1大样图

1800
100 100 1400 100 100

金箔饰面

金箔饰面

300 10 65 10 165 40
10 65 10 210 15 40
350
10 65 10 330 10 65 10
500

米白色乳胶漆　　　　　　米白色乳胶漆

2大样图

800
900
3000
1300

金箔艺术板饰面

暗藏灯管

3大样图

57

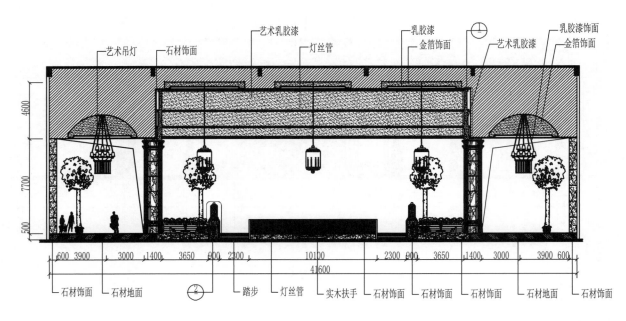

立面图

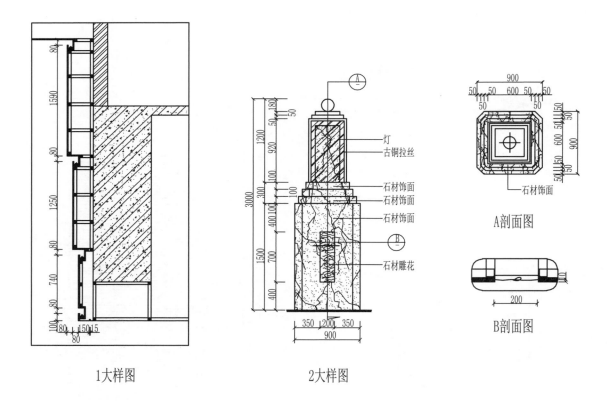

1大样图   2大样图

A剖面图

B剖面图

墙面 5

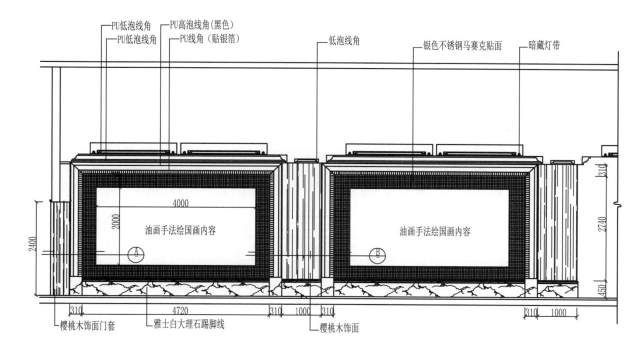

PU低泡线角　PU高泡线角(黑色)
PU低泡线角　PU线角(贴银箔)　　低泡线角　　　银色不锈钢马赛克贴面　暗藏灯带

4000

2000

油画手法绘国画内容

油画手法绘国画内容

2400

2740

310

450

310　　4720　　310　1000　310　　　　　　　　　310　1000

櫻桃木饰面门套　　雅士白大理石踢脚线　　　櫻桃木饰面

立面图

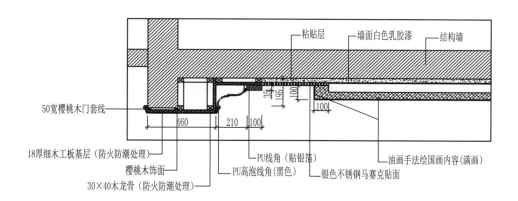

粘贴层　墙面白色乳胶漆　结构墙

50宽櫻桃木门套线

18厚细木工板基层(防火防潮处理)
櫻桃木饰面
30×40木龙骨(防火防潮处理)

460　　210　100　　　　1000

PU线角(贴银箔)
PU高泡线角(黑色)　　银色不锈钢马赛克贴面　　油画手法绘国画内容(满画)

A剖面图

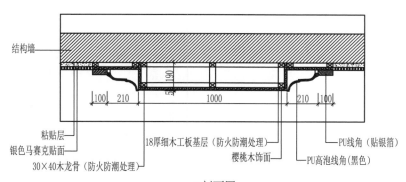

结构墙

100　210　　　1000　　　210　100

粘贴层
银色马赛克贴面
30×40木龙骨(防火防潮处理)

18厚细木工板基层(防火防潮处理)
櫻桃木饰面
PU高泡线角(黑色)

PU线角(贴银箔)

B剖面图

墙面6

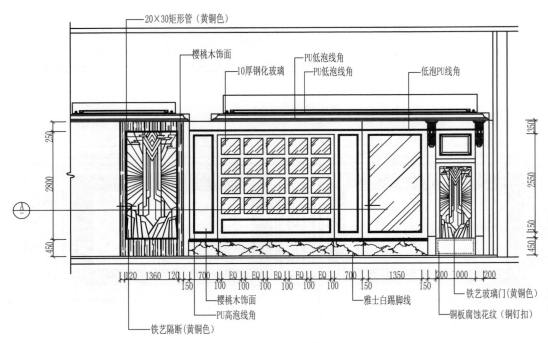

20×30矩形管（黄铜色）

樱桃木饰面
10厚钢化玻璃
PU低泡线角
PU低泡线角
低泡PU线角

铁艺玻璃门（黄铜色）
铜板腐蚀花纹（铜钉扣）

樱桃木饰面
PU高泡线角
雅士白踢脚线

铁艺隔断（黄铜色）

立面图

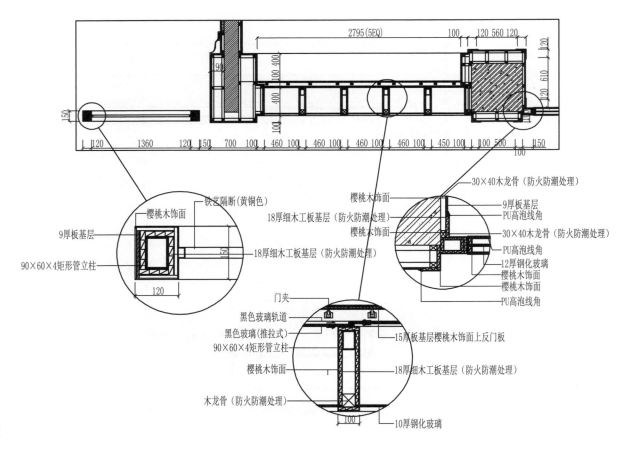

2795(5EQ)

樱桃木饰面
铁艺隔断（黄铜色）
9厚板基层
18厚细木工板基层（防火防潮处理）
90×60×4矩形管立柱
18厚细木工板基层（防火防潮处理）

30×40木龙骨（防火防潮处理）
樱桃木饰面
9厚板基层
PU高泡线角
樱桃木饰面
30×40木龙骨（防火防潮处理）
PU高泡线角
12厚钢化玻璃
樱桃木饰面
樱桃木饰面
PU高泡线角

门夹
黑色玻璃轨道
黑色玻璃(推拉式)
90×60×4矩形管立柱
樱桃木饰面
木龙骨（防火防潮处理）

15厚板基层樱桃木饰面上反门板
18厚细木工板基层（防火防潮处理）
10厚钢化玻璃

A剖面图

墙面 7

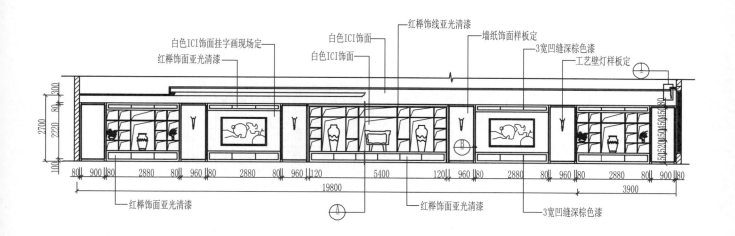

白色ICI饰面挂字画现场定
红榉饰面亚光清漆
白色ICI饰面
白色ICI饰面
红榉饰线亚光清漆
墙纸饰面样板定
3宽凹缝深棕色漆
工艺壁灯样板定

红榉饰面亚光清漆
红榉饰面亚光清漆
3宽凹缝深棕色漆

2700 2220 100 300 300 80
80 900 80 2880 80 960 80 2880 80 960 120 5400 120 960 80 2880 80 960 80 2880 80 900 80
19800
3900
50 50 20 50 50 50 50 80

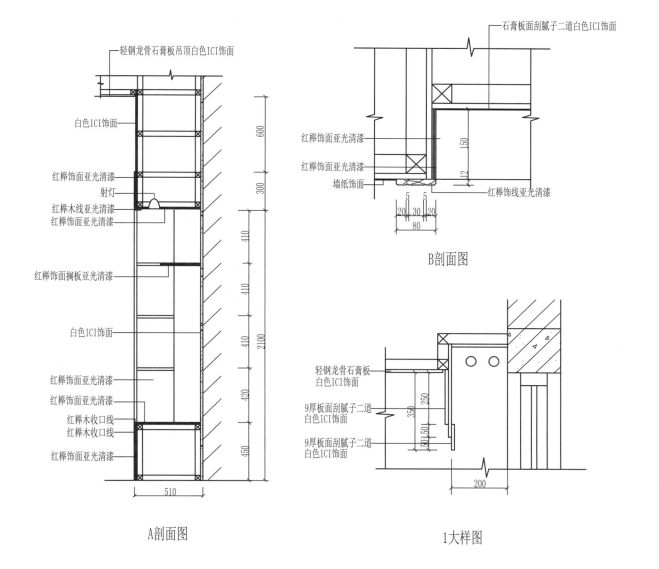

轻钢龙骨石膏板吊顶白色ICI饰面

白色ICI饰面

红榉饰面亚光清漆
射灯
红榉木线亚光清漆
红榉饰面亚光清漆

红榉饰面搁板亚光清漆

白色ICI饰面

红榉饰面亚光清漆

红榉饰面亚光清漆

红榉木收口线
红榉木收口线

红榉饰面亚光清漆

600 300 410 410 410 420 450 2100
510

A剖面图

石膏板面刮腻子二道白色ICI饰面

红榉饰面亚光清漆

红榉饰面亚光清漆

墙纸饰面

红榉饰线亚光清漆

150 12
5 5
20 30 20
80

B剖面图

轻钢龙骨石膏板
白色ICI饰面

9厚板面刮腻子二道
白色ICI饰面

9厚板面刮腻子二道
白色ICI饰面

250 350 50 50
200

1大样图

墙面 8

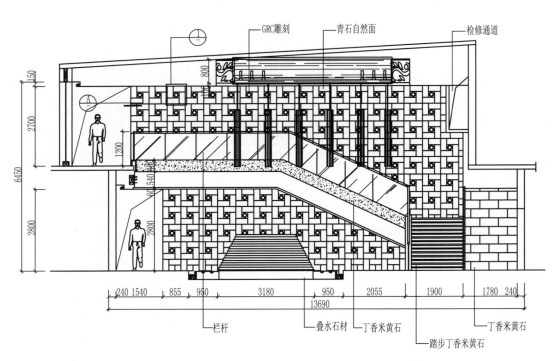

立面图

图中标注文字：
- GRC雕刻
- 青石自然面
- 检修通道
- 栏杆
- 叠水石材
- 丁香米黄石
- 丁香米黄石
- 踏步丁香米黄石

尺寸标注：240 1540 855 950 3180 950 2055 1900 1780 240
13690

左侧尺寸：150 2700 1200 6450 60 540 600 2800

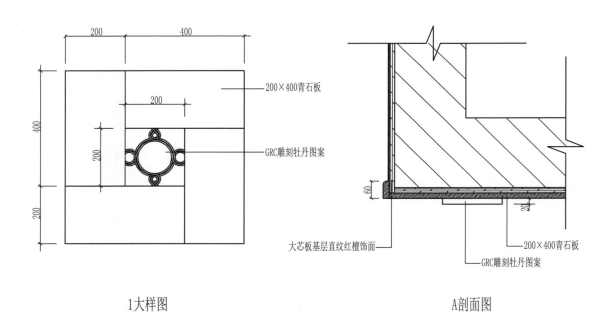

1大样图

图中标注文字：
- 200 400
- 200×400青石板
- GRC雕刻牡丹图案
- 200
- 400 200

A剖面图

图中标注文字：
- 60
- 大芯板基层直纹红檀饰面
- 200×400青石板
- GRC雕刻牡丹图案

墙面 9

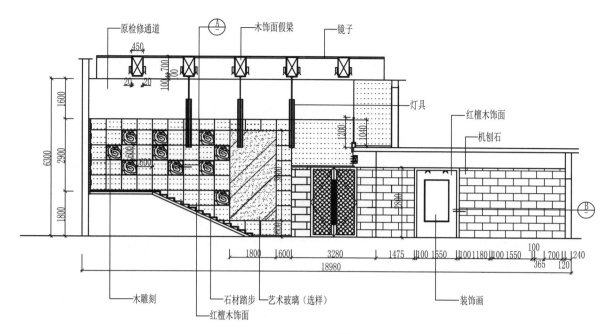

原检修通道　木饰面假梁　镜子
灯具
红檀木饰面
机刨石

木雕刻　石材踏步　艺术玻璃（选样）　装饰画
红檀木饰面

立面图

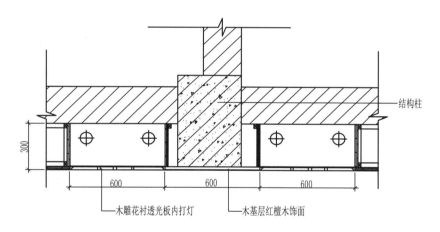

结构柱

木雕花衬透光板内打灯　木基层红檀木饰面

A剖面图

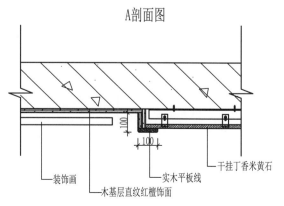

装饰画　实木平板线　干挂丁香米黄石
木基层直纹红檀饰面

B剖面图

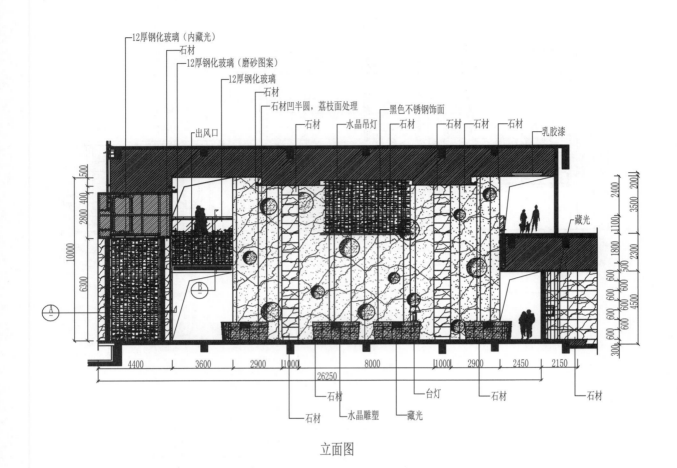

12厚钢化玻璃（内藏光）
石材
12厚钢化玻璃（磨砂图案）
12厚钢化玻璃
石材
石材凹半圆，荔枝面处理
黑色不锈钢饰面
出风口
石材
水晶吊灯
石材
石材
石材
石材
乳胶漆
藏光

石材
水晶雕塑
藏光
台灯
石材
石材

26250
4400   3600   2900   1000   8000   1000   2900   2450   2150

立面图

石材
石材
夹板打底白色乳胶漆
藏光

古铜屏风
19厚钢化玻璃
19厚钢化玻璃

A剖面图

实木扶手
12厚钢化玻璃
二楼过道
石材
浅咖色12厚钢化玻璃（磨砂图案）
夹板打底白色乳胶漆
5厚磨砂玻璃
夹板打底白色乳胶漆
铝合金风口油白色乳胶漆
A/C

B剖面图

墙面 11

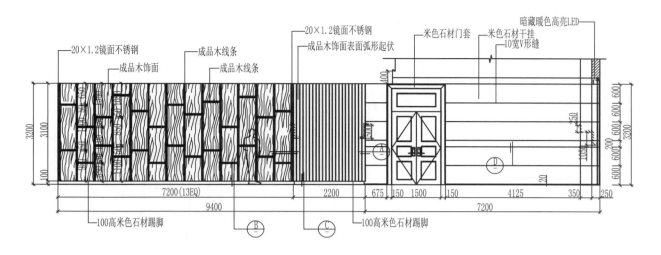

20×1.2镜面不锈钢　成品木线条　20×1.2镜面不锈钢　米色石材门套　米色石材干挂　暗藏暖色高亮LED
成品木饰面　成品木线条　成品木饰面表面弧形起伏　　　　10宽V形缝

立面图

100高米色石材踢脚　　　100高米色石材踢脚

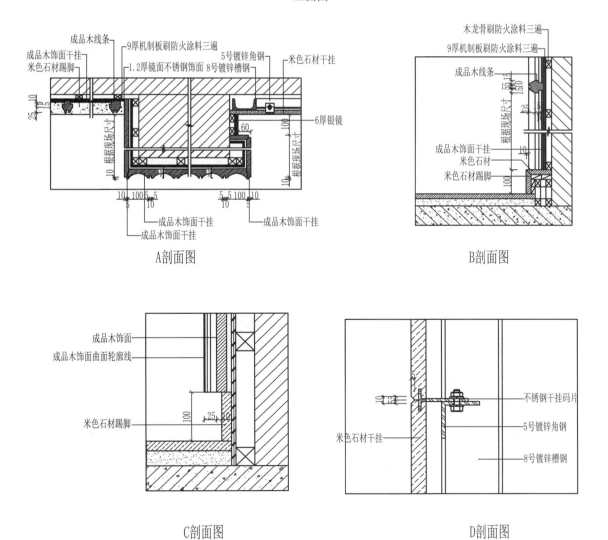

成品木线条
成品木饰面干挂
米色石材踢脚
9厚机制板刷防火涂料三遍
1.2厚镜面不锈钢饰面　8号镀锌槽钢
5号镀锌角钢
米色石材干挂
6厚银镜
成品木饰面干挂
成品木饰面干挂

A剖面图

木龙骨刷防火涂料三遍
9厚机制板刷防火涂料三遍
成品木线条
成品木饰面干挂
米色石材
米色石材踢脚

B剖面图

成品木饰面
成品木饰面曲面轮廓线
米色石材踢脚

C剖面图

不锈钢干挂码片
5号镀锌角钢
8号镀锌槽钢
米色石材干挂

D剖面图

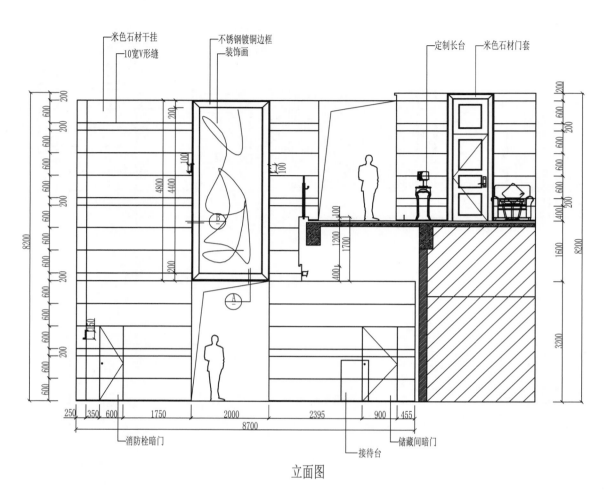

米色石材干挂
10宽V形缝
不锈钢镀铜边框
装饰画
定制长台
米色石材门套

消防栓暗门
接待台
储藏间暗门

立面图

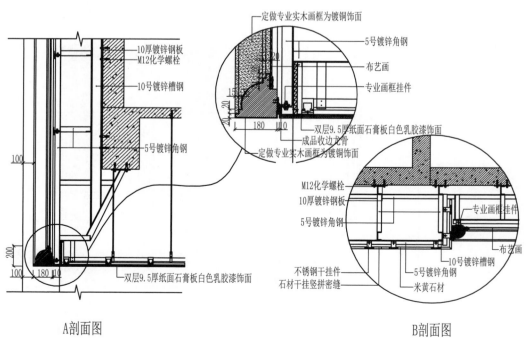

定做专业实木画框为镀铜饰面
5号镀锌角钢
布艺画
专业画框挂件

10厚镀锌钢板
M12化学螺栓
10号镀锌槽钢
5号镀锌角钢

双层9.5厚纸面石膏板白色乳胶漆饰面
成品收边龙骨
定做专业实木画框为镀铜饰面

双层9.5厚纸面石膏板白色乳胶漆饰面

M12化学螺栓
10厚镀锌钢板
5号镀锌角钢
专业画框挂件
布艺画
10号镀锌槽钢
5号镀锌角钢
米黄石材
不锈钢干挂件
石材干挂竖拼密缝

A剖面图

B剖面图

墙面 13

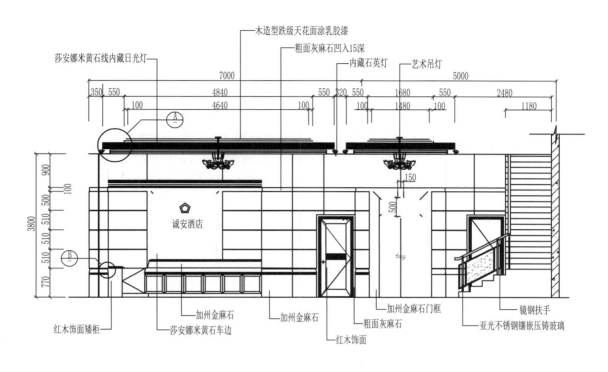

木造型跌级天花面涂乳胶漆
粗面灰麻石凹入15深
内藏石英灯
艺术吊灯
莎安娜米黄石线内藏日光灯

7000
5000
350 550
4840
550 320 550
1680
550
2480
100
4640
100
1480
100
1180
100

900
100
150
3800
500
510
500
诚安酒店
510
510
770

加州金麻石
加州金麻石门框
镜钢扶手
红木饰面矮柜
加州金麻石
粗面灰麻石
亚光不锈钢镶嵌压铸玻璃
莎安娜米黄石车边
加州金麻石
红木饰面

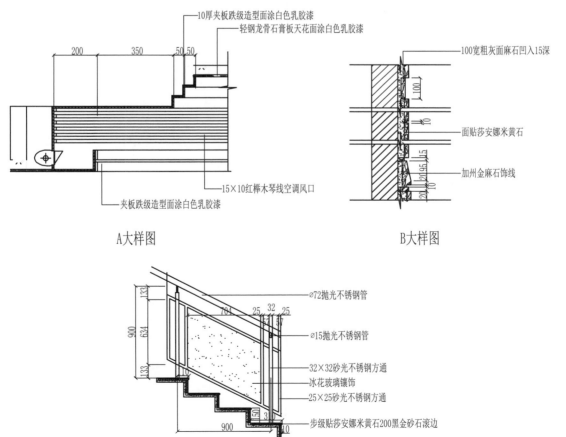

10厚夹板跌级造型面涂白色乳胶漆
轻钢龙骨石膏板天花面涂白色乳胶漆
200 350 50 50
100宽粗面灰麻石凹入15深
面贴莎安娜米黄石
加州金麻石饰线
15×10红榉木琴线空调风口
夹板跌级造型面涂白色乳胶漆

A大样图
B大样图

133
Ø72抛光不锈钢管
900
634
Ø15抛光不锈钢管
32×32砂光不锈钢方通
冰花玻璃镶饰
133
25×25砂光不锈钢方通
900
步级贴莎安娜米黄石200黑金砂石滚边

扶手大样图

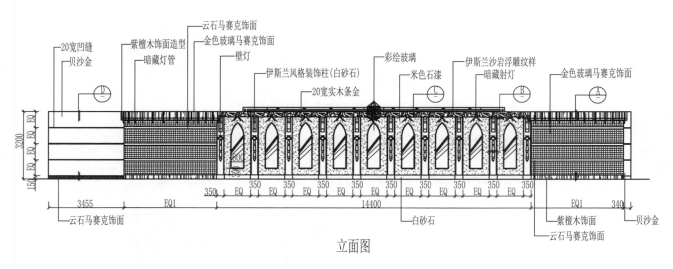

立面图

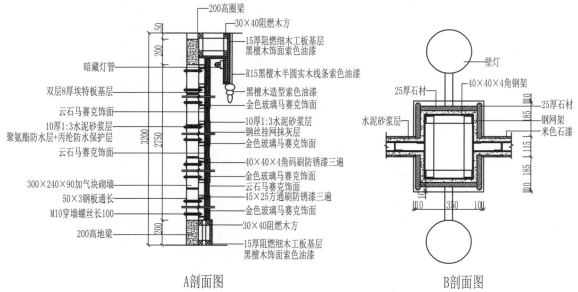

A剖面图

B剖面图

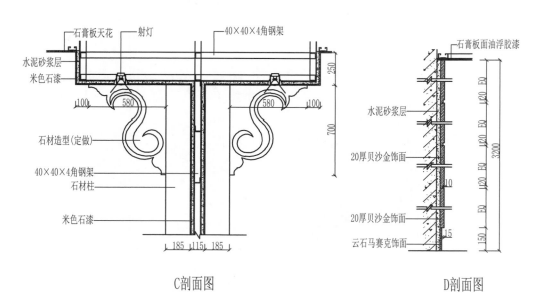

C剖面图

D剖面图

墙面 15

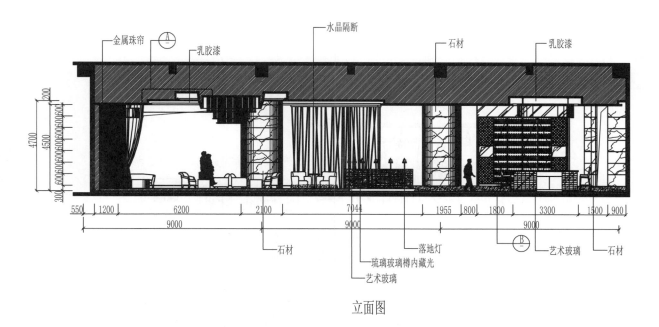

立面图

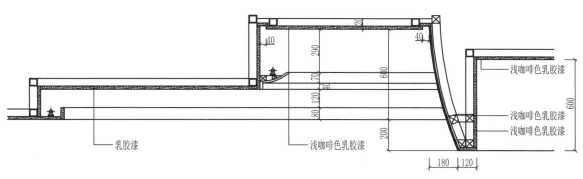

A大样图

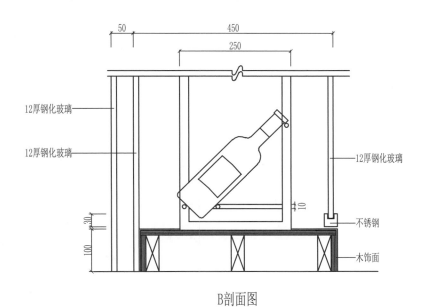

B剖面图

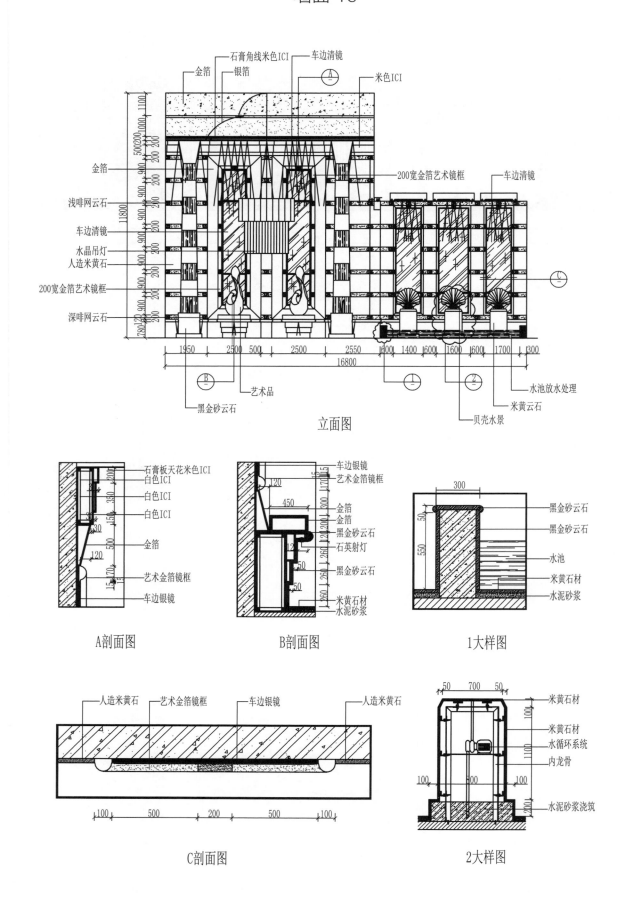

立面图

A剖面图

B剖面图

1大样图

C剖面图

2大样图

墙面 17

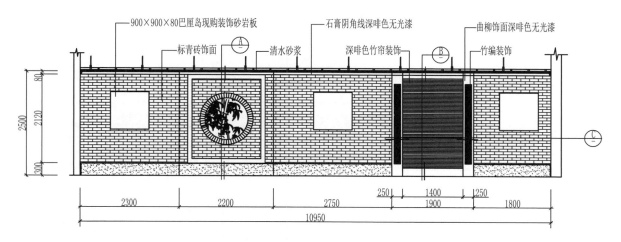

立面图

900×900×80巴厘岛现购装饰砂岩板
标青砖饰面
清水砂浆
石膏阴角线深啡色无光漆
深啡色竹帘装饰
曲柳饰面深啡色无光漆
竹编装饰

80
2500 2120 300
2300 2200 2750 250 1400 1250 1800
1900
10950

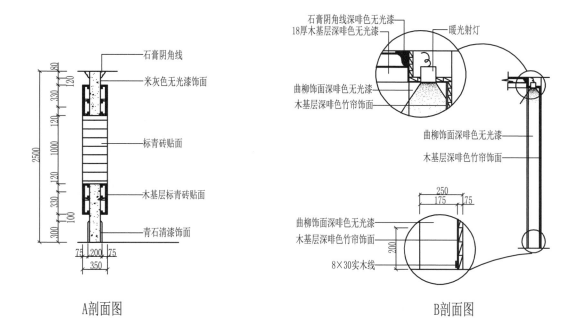

石膏阴角线
米灰色无光漆饰面
标青砖贴面
木基层标青砖贴面
青石清漆饰面

80 120 330 120 1000 120 330 100 300
2500
75 200 75
350

A剖面图

石膏阴角线深啡色无光漆
18厚木基层深啡色无光漆
暖光射灯
曲柳饰面深啡色无光漆
木基层深啡色竹帘饰面

曲柳饰面深啡色无光漆
木基层深啡色竹帘饰面

曲柳饰面深啡色无光漆
木基层深啡色竹帘饰面
8×30实木线

250
175 75
200

B剖面图

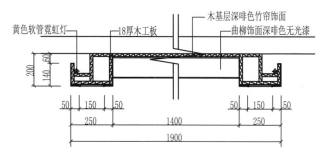

黄色软管霓虹灯
18厚木工板
木基层深啡色竹帘饰面
曲柳饰面深啡色无光漆

60 60
200 140
50 150 50 50 150 50
250 1400 250
1900

C剖面图

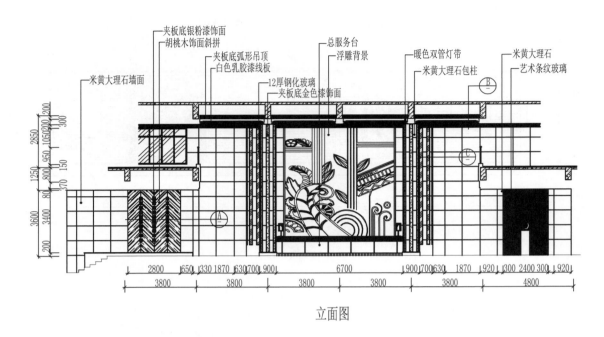

夹板底银粉漆饰面
胡桃木饰面斜拼
夹板底弧形吊顶
白色乳胶漆线板
12厚钢化玻璃
夹板底金色漆饰面
总服务台
浮雕背景
暖色双管灯带
米黄大理石包柱
米黄大理石
艺术条纹玻璃
米黄大理石墙面

立面图

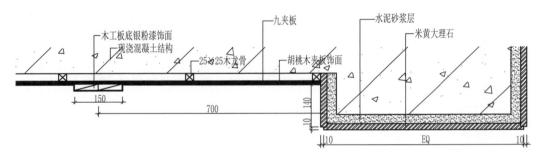

木工板底银粉漆饰面
现浇混凝土结构
25×25木龙骨
九夹板
胡桃木夹板饰面
水泥砂浆层
米黄大理石

A剖面图

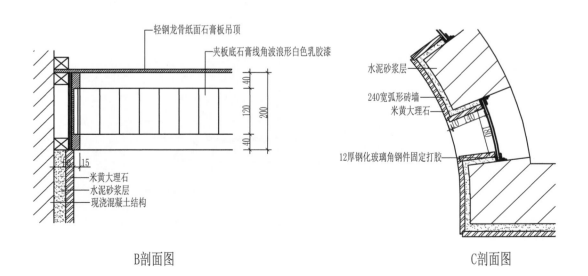

轻钢龙骨纸面石膏板吊顶
夹板底石膏线角波浪形白色乳胶漆
米黄大理石
水泥砂浆层
现浇混凝土结构

水泥砂浆层
240宽弧形砖墙
米黄大理石
12厚钢化玻璃角钢件固定打胶

B剖面图

C剖面图

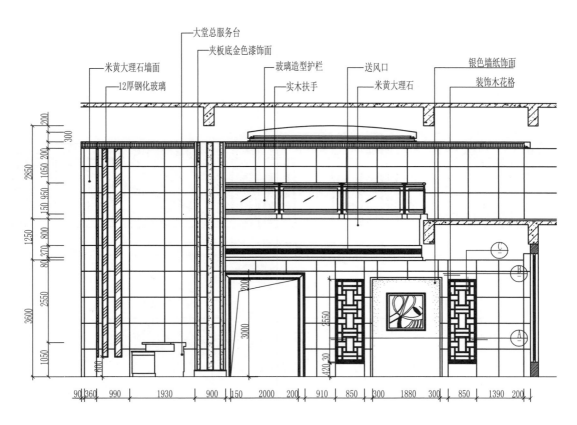

米黄大理石墙面
12厚钢化玻璃
大堂总服务台
夹板底金色漆饰面
玻璃造型护栏
实木扶手
送风口
米黄大理石
银色墙纸饰面
装饰木花格

立面图

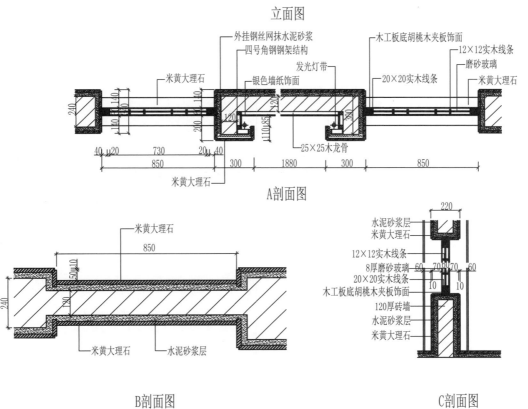

外挂钢丝网抹水泥砂浆
四号角钢钢架结构
发光灯带
银色墙纸饰面
木工板底胡桃木夹板饰面
12×12实木线条
磨砂玻璃
米黄大理石
20×20实木线条
米黄大理石
25×25木龙骨
米黄大理石

A剖面图

米黄大理石
850
米黄大理石
水泥砂浆层

B剖面图

水泥砂浆层
米黄大理石
12×12实木线条
8厚磨砂玻璃
20×20实木线条
木工板底胡桃木夹板饰面
120厚砖墙
水泥砂浆层
米黄大理石

C剖面图

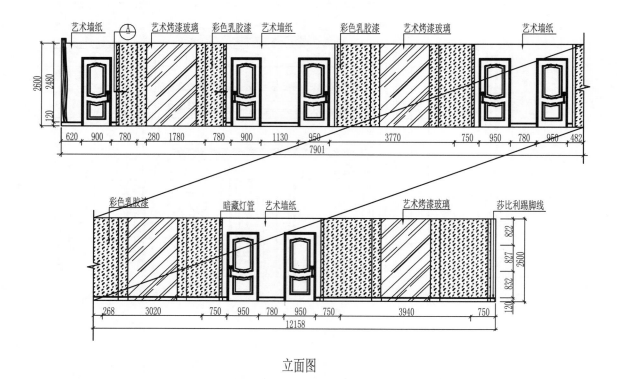

立面图

A剖面图

2.2 顶面设计方案

顶面 1

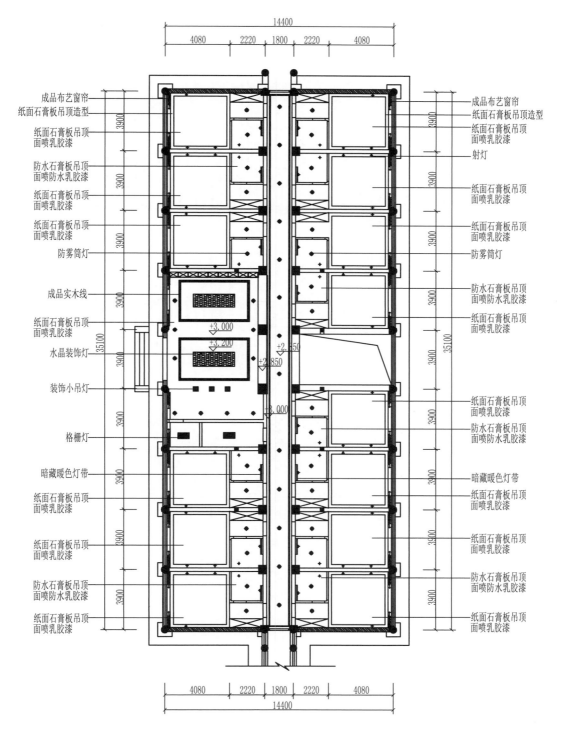

成品布艺窗帘
纸面石膏板吊顶造型
纸面石膏板吊顶面喷乳胶漆
防水石膏板吊顶面喷防水乳胶漆
纸面石膏板吊顶面喷乳胶漆
纸面石膏板吊顶面喷乳胶漆
防雾筒灯
成品实木线
纸面石膏板吊顶面喷乳胶漆
水晶装饰灯
装饰小吊灯
格栅灯
暗藏暖色灯带
纸面石膏板吊顶面喷乳胶漆
纸面石膏板吊顶面喷乳胶漆
防水石膏板吊顶面喷防水乳胶漆
纸面石膏板吊顶面喷乳胶漆

成品布艺窗帘
纸面石膏板吊顶造型
纸面石膏板吊顶面喷乳胶漆
射灯
纸面石膏板吊顶面喷乳胶漆
纸面石膏板吊顶面喷乳胶漆
防雾筒灯
防水石膏板吊顶面喷防水乳胶漆
纸面石膏板吊顶面喷乳胶漆
纸面石膏板吊顶面喷乳胶漆
防水石膏板吊顶面喷防水乳胶漆
暗藏暖色灯带
纸面石膏板吊顶面喷乳胶漆
纸面石膏板吊顶面喷乳胶漆
防水石膏板吊顶面喷防水乳胶漆
纸面石膏板吊顶面喷乳胶漆

顶面布置图

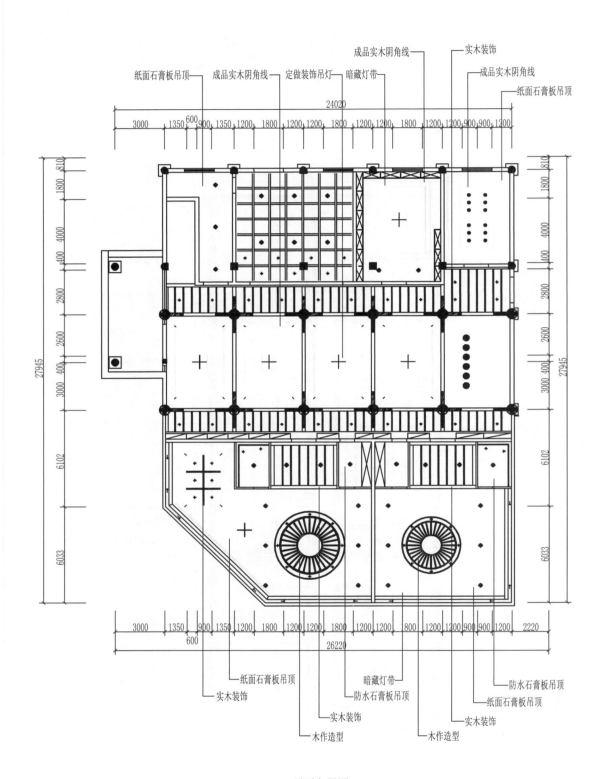

成品实木阴角线
实木装饰
纸面石膏板吊顶　成品实木阴角线　定做装饰吊灯　暗藏灯带
成品实木阴角线
纸面石膏板吊顶

24020

3000　1350　600　900　1350　1200　1800　1200　1200　1800　1200　1200　1800　1200　1200　900　900　1200

810　1800　4000　400　2800　2600　400　3000　6102　6033

27945

810　1800　4000　400　2800　2600　400　3000　6102　6033

27945

3000　1350　900　1350　1200　1800　1200　1200　1800　1200　1200　1800　1200　1200　900　900　1200　2220
600
26220

纸面石膏板吊顶
实木装饰
实木装饰
木作造型
暗藏灯带
防水石膏板吊顶
木作造型
防水石膏板吊顶
纸面石膏板吊顶
实木装饰

顶面布置图

76

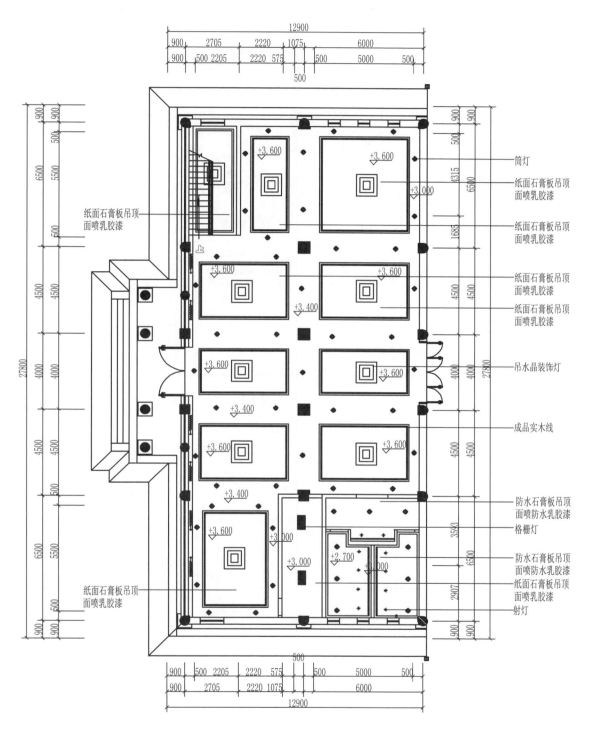

筒灯

纸面石膏板吊顶
面喷乳胶漆

纸面石膏板吊顶
面喷乳胶漆

纸面石膏板吊顶
面喷乳胶漆

纸面石膏板吊顶
面喷乳胶漆

吊水晶装饰灯

成品实木线

防水石膏板吊顶
面喷防水乳胶漆

格栅灯

防水石膏板吊顶
面喷防水乳胶漆

纸面石膏板吊顶
面喷乳胶漆

射灯

纸面石膏板吊顶
面喷乳胶漆

纸面石膏板吊顶
面喷乳胶漆

顶面布置图

顶面 4

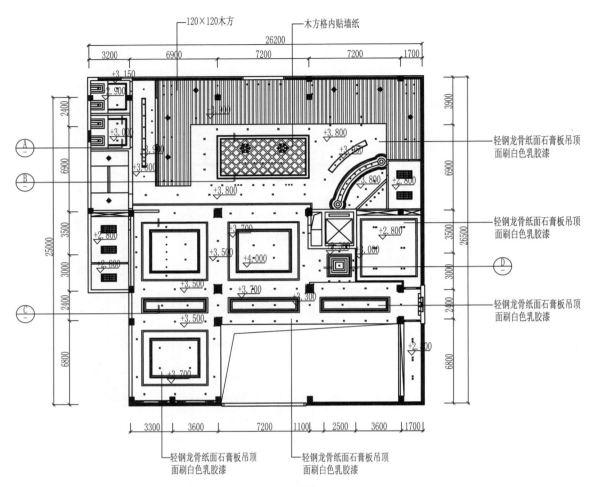

- 120×120木方
- 木方格内贴墙纸
- 轻钢龙骨纸面石膏板吊顶面刷白色乳胶漆
- 轻钢龙骨纸面石膏板吊顶面刷白色乳胶漆
- 轻钢龙骨纸面石膏板吊顶面刷白色乳胶漆
- 轻钢龙骨纸面石膏板吊顶面刷白色乳胶漆
- 轻钢龙骨纸面石膏板吊顶面刷白色乳胶漆

顶面布置图

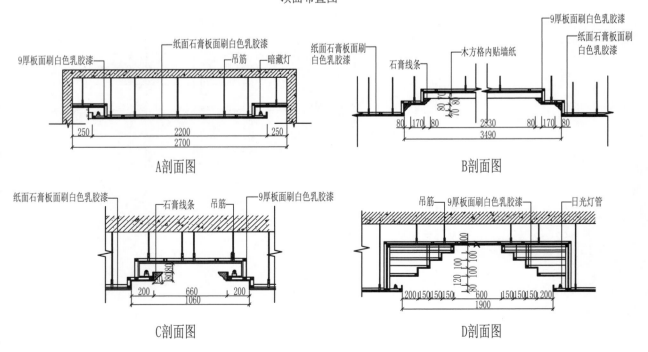

A剖面图

- 9厚板面刷白色乳胶漆
- 纸面石膏板面刷白色乳胶漆
- 吊筋
- 暗藏灯

B剖面图

- 纸面石膏板面刷白色乳胶漆
- 石膏线条
- 木方格内贴墙纸
- 9厚板面刷白色乳胶漆
- 纸面石膏板面刷白色乳胶漆

C剖面图

- 纸面石膏板面刷白色乳胶漆
- 石膏线条
- 吊筋
- 9厚板面刷白色乳胶漆

D剖面图

- 吊筋
- 9厚板面刷白色乳胶漆
- 日光灯管

顶面 5

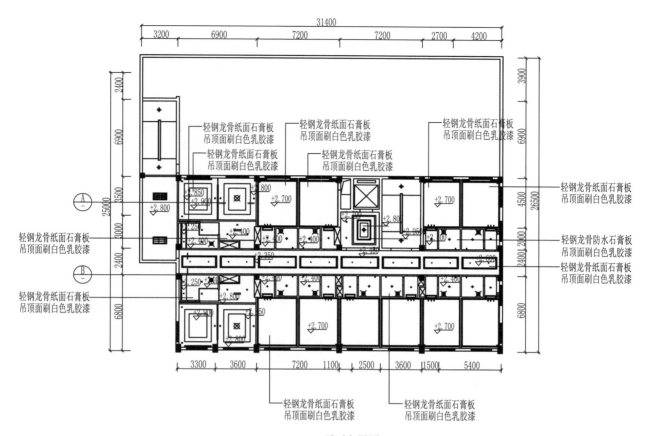

顶面布置图

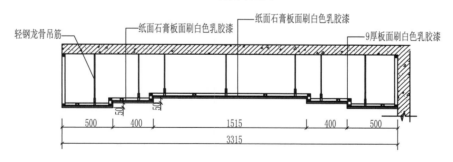

A剖面图

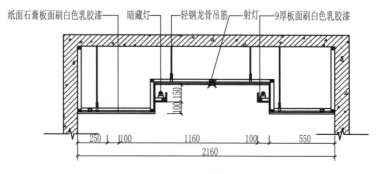

B剖面图

顶面 6

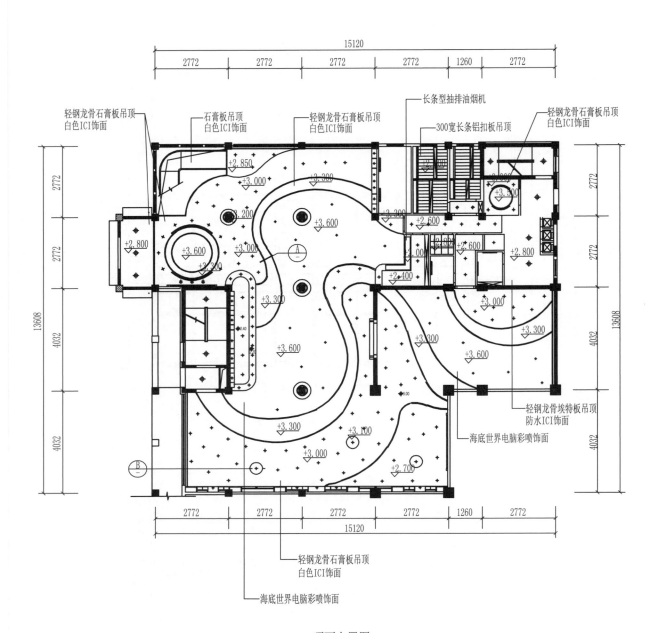

轻钢龙骨石膏板吊顶
白色ICI饰面

石膏板吊顶
白色ICI饰面

轻钢龙骨石膏板吊顶
白色ICI饰面

长条型抽排油烟机

300宽长条铝扣板吊顶

轻钢龙骨石膏板吊顶
白色ICI饰面

轻钢龙骨埃特板吊顶
防水ICI饰面

海底世界电脑彩喷饰面

轻钢龙骨石膏板吊顶
白色ICI饰面

海底世界电脑彩喷饰面

顶面布置图

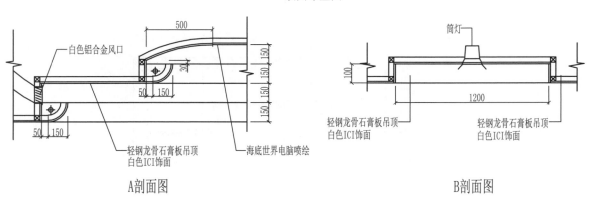

白色铝合金风口

轻钢龙骨石膏板吊顶
白色ICI饰面

海底世界电脑喷绘

筒灯

轻钢龙骨石膏板吊顶
白色ICI饰面

轻钢龙骨石膏板吊顶
白色ICI饰面

A剖面图

B剖面图

顶面 7

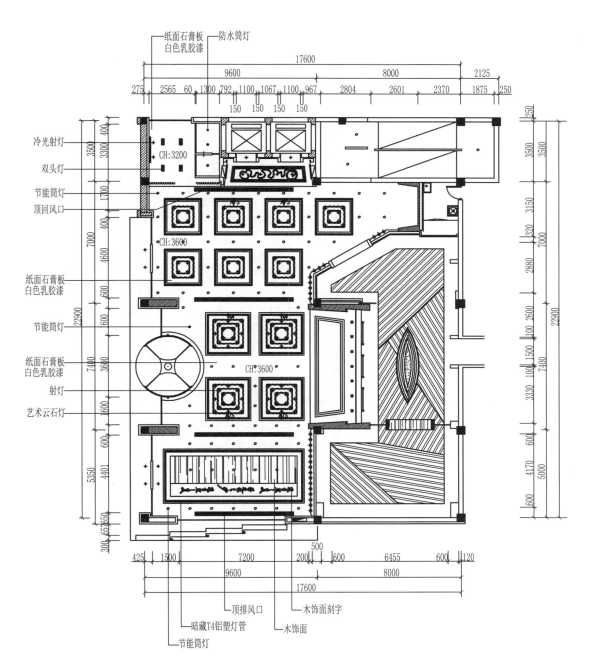

纸面石膏板
白色乳胶漆 —— 防水筒灯

17600
9600   8000   2125
275 2565 60 1300 792 1100 1067 1100 967 2804 2601 2370 1875 250
150 150 150 150

冷光射灯

双头灯

节能筒灯

顶回风口

纸面石膏板
白色乳胶漆

节能筒灯

纸面石膏板
白色乳胶漆

射灯

艺术云石灯

CH:3200
CH:3600
CH:3600

顶排风口 —— 木饰面刻字

暗藏T4铝塑灯管 —— 木饰面

节能筒灯

顶面布置图

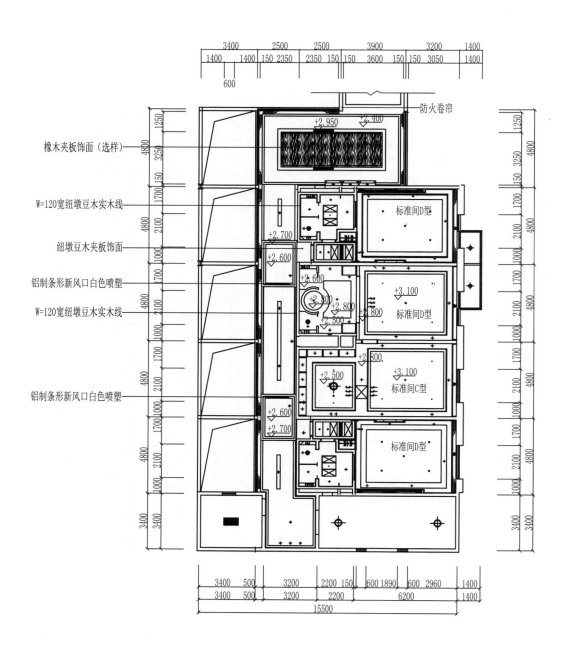

橡木夹板饰面（选样）

W=120宽纽墩豆木实木线

纽墩豆木夹板饰面

铝制条形新风口白色喷塑

W=120宽纽墩豆木实木线

铝制条形新风口白色喷塑

防火卷帘

标准间D型

标准间D型

标准间C型

标准间D型

顶面布置图

2.3 地面设计方案

地面 1

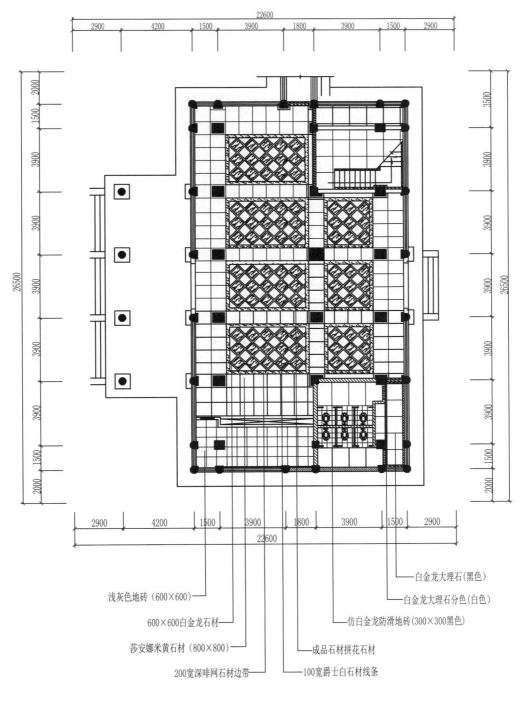

白金龙大理石(黑色)

白金龙大理石分色(白色)

浅灰色地砖(600×600)

仿白金龙防滑地砖(300×300黑色)

600×600白金龙石材

莎安娜米黄石材(800×800)

成品石材拼花石材

200宽深啡网石材边带

100宽爵士白石材线条

地面布置图

地面 2

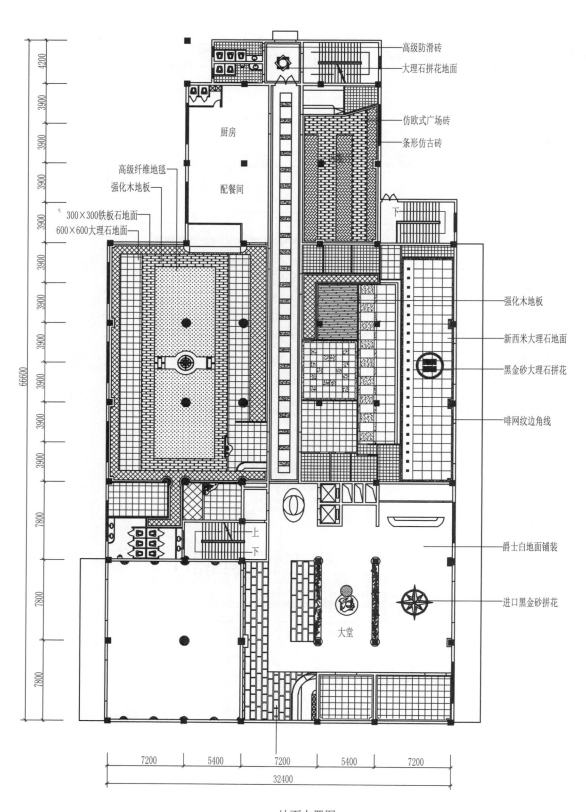

厨房

配餐间

高级防滑砖
大理石拼花地面

仿欧式广场砖
条形仿古砖

下

高级纤维地毯
强化木地板
300×300铁板石地面
600×600大理石地面

强化木地板

新西米大理石地面

黑金砂大理石拼花

啡网纹边角线

上
下

爵士白地面铺装

进口黑金砂拼花

大堂

66600

4200
3900
3900
3900
3900
3900
3900
3900
3900
3900
7800
7800
7800

7200　5400　7200　5400　7200

32400

地面布置图

地面 3

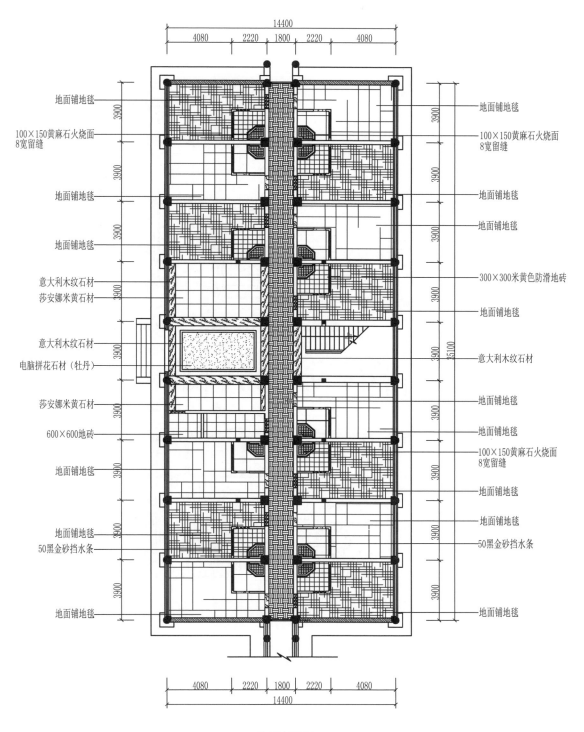

地面铺地毯

100×150黄麻石火烧面
8宽留缝

地面铺地毯

地面铺地毯

意大利木纹石材

莎安娜米黄石材

意大利木纹石材

电脑拼花石材（牡丹）

莎安娜米黄石材

600×600地砖

地面铺地毯

地面铺地毯

50黑金砂挡水条

地面铺地毯

地面铺地毯

100×150黄麻石火烧面
8宽留缝

地面铺地毯

地面铺地毯

300×300米黄色防滑地砖

地面铺地毯

意大利木纹石材

地面铺地毯

地面铺地毯

100×150黄麻石火烧面
8宽留缝

地面铺地毯

地面铺地毯

50黑金砂挡水条

地面铺地毯

地面布置图

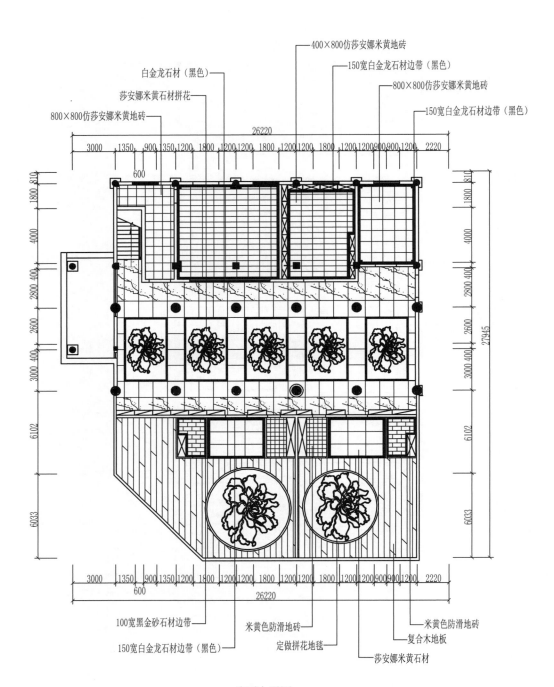

地面布置图

地面 5

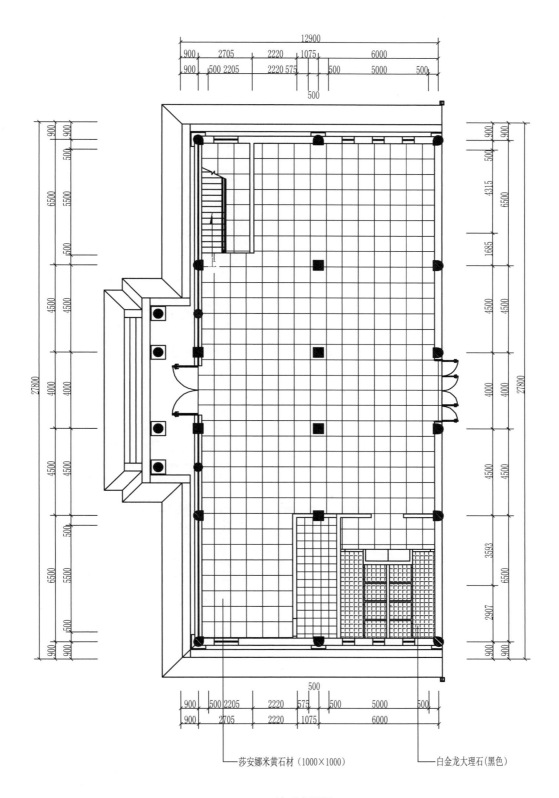

莎安娜米黄石材（1000×1000）

白金龙大理石(黑色)

地面布置图

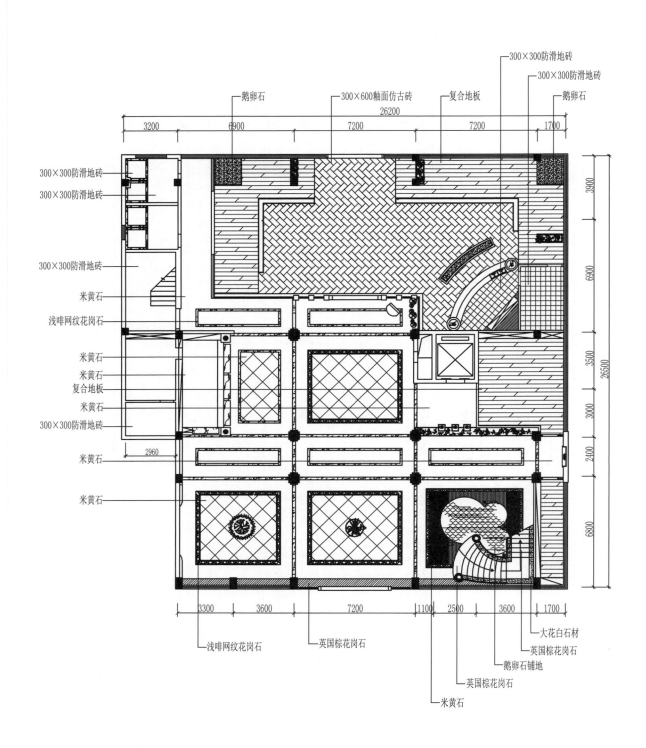

300×300防滑地砖
300×300防滑地砖
鹅卵石
复合地板
300×600釉面仿古砖
鹅卵石

300×300防滑地砖
300×300防滑地砖
300×300防滑地砖
米黄石
浅啡网纹花岗石
米黄石
米黄石
复合地板
米黄石
300×300防滑地砖
米黄石
米黄石

3200 6900 7200 7200 1700
26200
3900 6900 3500 3000 2400 6800
26500

2960

3300 3600 7200 1100 2500 3600 1700

浅啡网纹花岗石
英国棕花岗石
英国棕花岗石
米黄石
鹅卵石铺地
英国棕花岗石
大花白石材

地面布置图

2.4 服务台设计方案

服务台 1

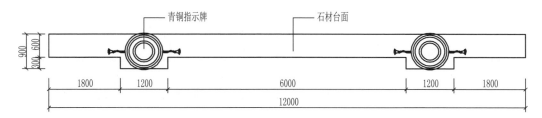

平面图

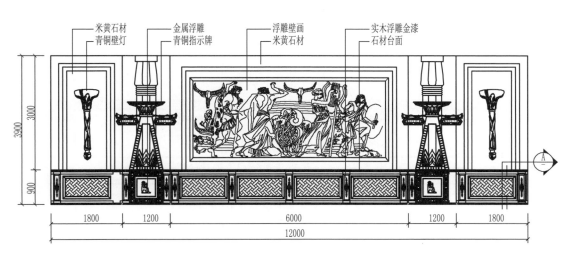

立面图

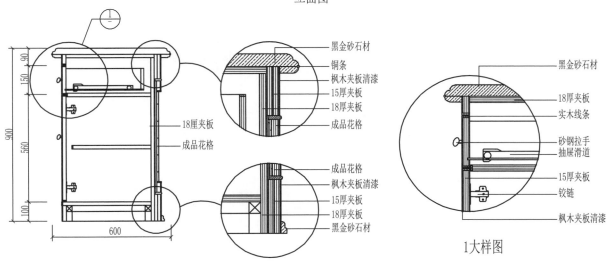

A剖面图

1大样图

服务台 2

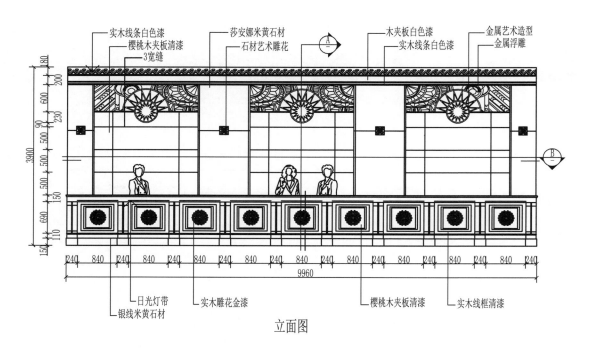

实木线条白色漆
樱桃木夹板清漆
3宽缝
莎安娜米黄石材
石材艺术雕花
木夹板白色漆
实木线条白色漆
金属艺术造型
金属浮雕

日光灯带
银线米黄石材
实木雕花金漆
樱桃木夹板清漆
实木线框清漆

立面图

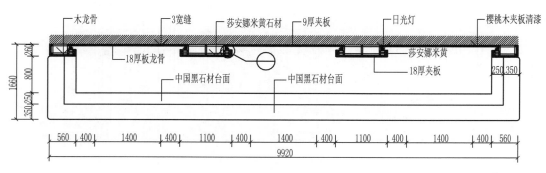

木龙骨
3宽缝
莎安娜米黄石材
9厚夹板
日光灯
樱桃木夹板清漆

18厚板龙骨
莎安娜米黄
18厚夹板

中国黑石材台面
中国黑石材台面

B剖面图

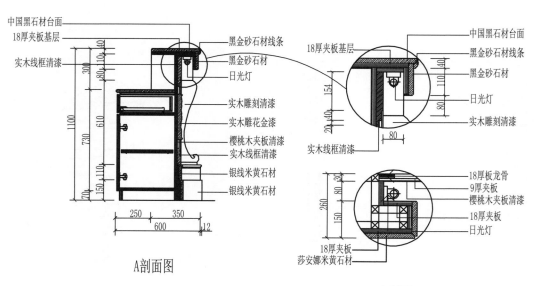

中国黑石材台面
18厚夹板基层
黑金砂石材线条
黑金砂石材
日光灯
实木线框清漆
实木雕刻清漆
实木雕花金漆
樱桃木夹板清漆
实木线框清漆
银线米黄石材
银线米黄石材

A剖面图

18厚夹板基层
中国黑石材台面
黑金砂石材线条
黑金砂石材
日光灯
实木线框清漆
实木雕刻清漆

18厚板龙骨
9厚夹板
樱桃木夹板清漆
18厚夹板
日光灯
18厚夹板
莎安娜米黄石材

1大样图

服务台 3

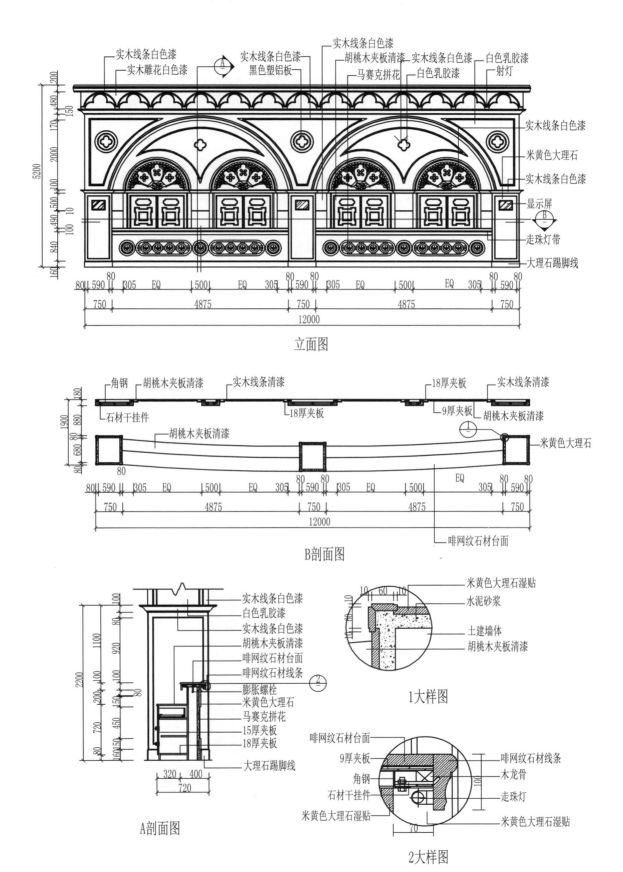

实木线条白色漆
实木雕花白色漆
实木线条白色漆
黑色塑铝板
实木线条白色漆
胡桃木夹板清漆
马赛克拼花
实木线条白色漆
白色乳胶漆
白色乳胶漆
射灯
实木线条白色漆
米黄色大理石
实木线条白色漆
显示屏
走珠灯带
大理石踢脚线

立面图

角钢
胡桃木夹板清漆
实木线条清漆
石材干挂件
18厚夹板
18厚夹板
9厚夹板
实木线条清漆
胡桃木夹板清漆
胡桃木夹板清漆
米黄色大理石

啡网纹石材台面

B剖面图

实木线条白色漆
白色乳胶漆
实木线条白色漆
胡桃木夹板清漆
啡网纹石材台面
啡网纹石材线条
膨胀螺栓
米黄色大理石
马赛克拼花
15厚夹板
18厚夹板
大理石踢脚线

A剖面图

米黄色大理石湿贴
水泥砂浆
土建墙体
胡桃木夹板清漆

1大样图

啡网纹石材台面
9厚夹板
角钢
石材干挂件
米黄色大理石湿贴
啡网纹石材线条
木龙骨
走珠灯
米黄色大理石湿贴

2大样图

服务台 4

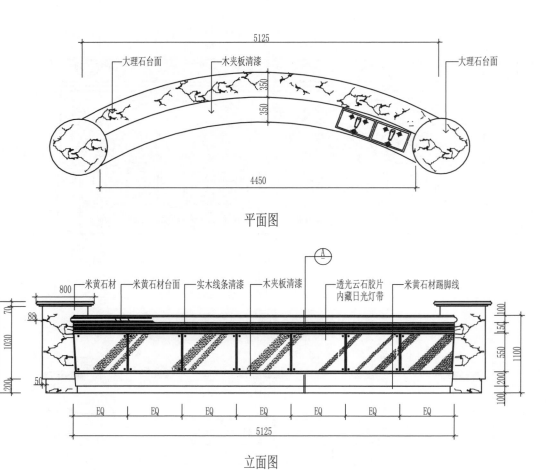

平面图

立面图

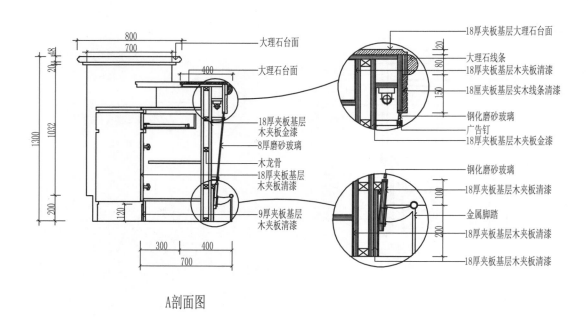

A剖面图

服务台 5

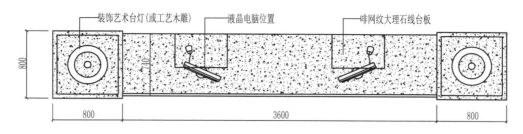

装饰艺术台灯(或工艺木雕)　液晶电脑位置　啡网纹大理石线台板

平面图

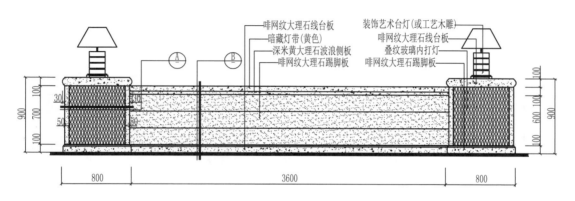

啡网纹大理石线台板
暗藏灯带(黄色)
深米黄大理石波浪侧板
啡网纹大理石踢脚板

装饰艺术台灯(或工艺木雕)
啡网纹大理石线台板
叠纹玻璃内打灯
啡网纹大理石踢脚板

立面图

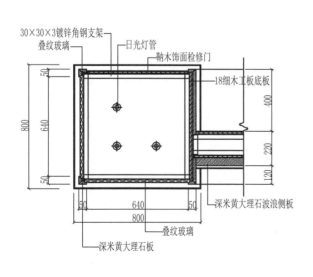

30×30×3镀锌角钢支架
叠纹玻璃
日光灯管
鞘木饰面检修门
18细木工板底板
深米黄大理石波浪侧板
叠纹玻璃
深米黄大理石板

A剖面图

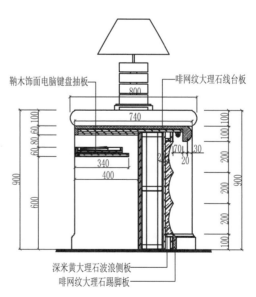

鞘木饰面电脑键盘抽板
啡网纹大理石线台板
深米黄大理石波浪侧板
啡网纹大理石踢脚板

B剖面图

服务台6

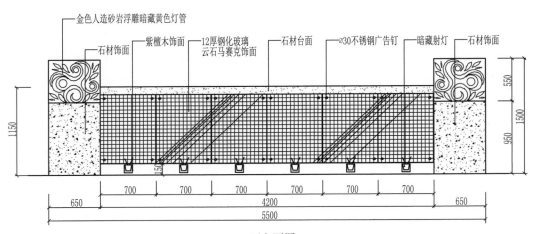

金色人造砂岩浮雕暗藏黄色灯管
石材饰面 紫檀木饰面 12厚钢化玻璃 石材台面 ∅30不锈钢广告钉 暗藏射灯 石材饰面
云石马赛克饰面

550
1500
950
1150

700 700 700 700 700 700
650 4200 650
5500

正立面图

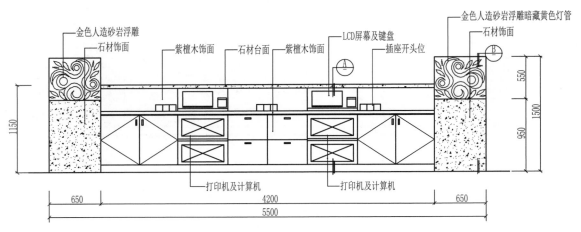

金色人造砂岩浮雕 金色人造砂岩浮雕暗藏黄色灯管
石材饰面 紫檀木饰面 石材台面 紫檀木饰面 LCD屏幕及键盘 插座开头位 石材饰面

550
1500
950
1150

打印机及计算机 打印机及计算机
650 4200 650
5500

背立面图

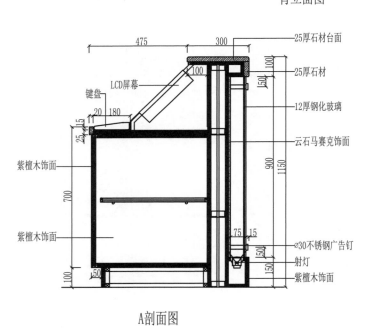

25厚石材台面
25厚石材
LCD屏幕
键盘
12厚钢化玻璃
云石马赛克饰面
紫檀木饰面
紫檀木饰面
∅30不锈钢广告钉
射灯
紫檀木饰面

475 300
100
150
20 180
25 15
700 900 1150
75 15
150
150
100 150

A剖面图

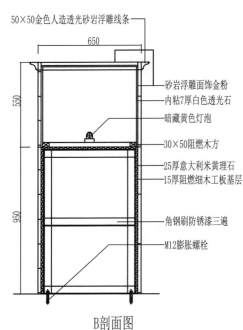

50×50金色人造透光砂岩浮雕线条
650
砂岩浮雕面饰金粉
内粘7厚白色透光石
暗藏黄色灯泡
30×50阻燃木方
25厚意大利米黄理石
15厚阻燃细木工板基层
角钢刷防锈漆三遍
M12膨胀螺栓

550
950

B剖面图

服务台7

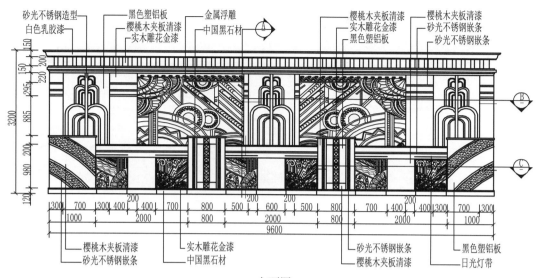

砂光不锈钢造型
白色乳胶漆
黑色塑铝板
樱桃木夹板清漆
实木雕花金漆
金属浮雕
中国黑石材
樱桃木夹板清漆
实木雕花金漆
黑色塑铝板
樱桃木夹板清漆
砂光不锈钢嵌条
砂光不锈钢嵌条

150
150
200
200
220
295
885
3200
980
200
120

1300 700 1300 400 200 400 700 800 500 600 500 800 700 400 200 400 1300 700 1300
1000 2000 800 2000 800 2000 1000
9600

樱桃木夹板清漆
砂光不锈钢嵌条
实木雕花金漆
中国黑石材
砂光不锈钢嵌条
樱桃木夹板清漆
黑色塑铝板
日光灯带

立面图

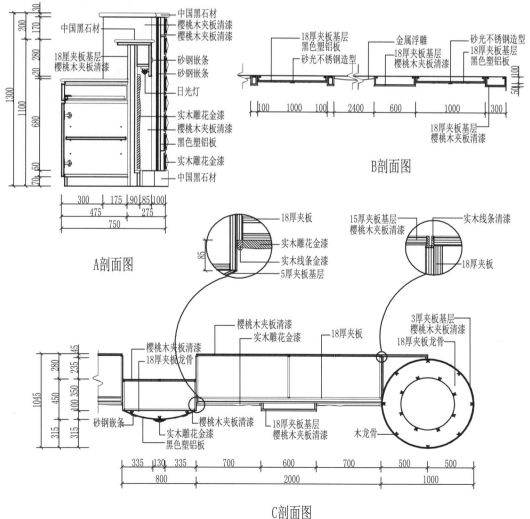

中国黑石材
中国黑石材
樱桃木夹板清漆
樱桃木夹板清漆
18厘夹板基层
樱桃木夹板清漆
砂钢嵌条
砂钢嵌条
日光灯
实木雕花金漆
樱桃木夹板清漆
黑色塑铝板
实木雕花金漆
中国黑石材

200
170
280
20
1300
1100
680
70
50

300 175 90 85 100
475 275
750

A剖面图

18厚夹板基层
黑色塑铝板
砂光不锈钢造型
金属浮雕
18厚夹板基层
樱桃木夹板清漆
砂光不锈钢造型
18厚夹板基层
黑色塑铝板
18厚夹板基层
樱桃木夹板清漆

100 1000 100 2400 600 1000 300

B剖面图

18厚夹板
实木雕花金漆
实木线条金漆
5厚夹板基层

85

15厚夹板基层
樱桃木夹板清漆
实木线条清漆
18厚夹板

3厚夹板基层
樱桃木夹板清漆
18厚夹板龙骨

樱桃木夹板清漆
实木雕花金漆
18厚夹板龙骨
樱桃木夹板清漆
18厚夹板

砂钢嵌条
实木雕花金漆
黑色塑铝板
樱桃木夹板清漆
18厚夹板基层
樱桃木夹板清漆
木龙骨

280 235 45
1045 450 100 350
315 315

335 130 335 700 600 700 500 500
800 2000 1000

C剖面图

服务台 8

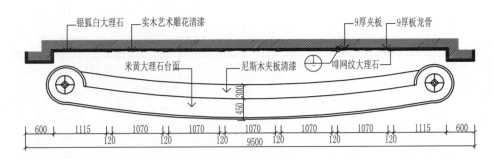

B剖面图

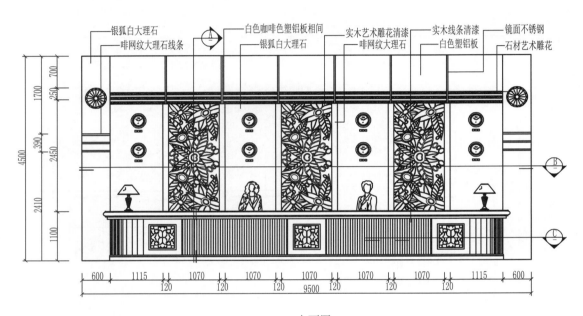

立面图

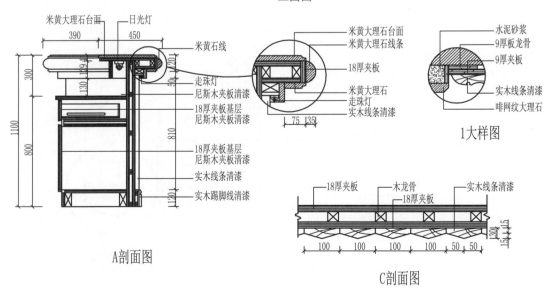

A剖面图

1大样图

C剖面图

2.5　电梯间设计方案

电梯间 1

暗藏灯管
砂岩浮雕
指示灯
落20×10缝
艺术壁灯选型
白爱神石材角线
电梯门图案选型
电梯按钮选型
白爱神石材线
米洞石石材
垃圾箱选型

立面图

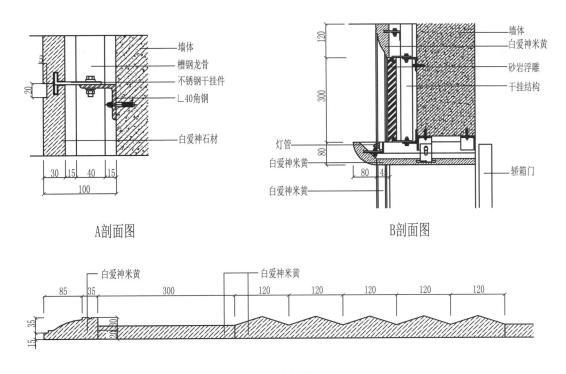

墙体
槽钢龙骨
不锈钢干挂件
L40角钢
白爱神石材

A剖面图

墙体
白爱神米黄
砂岩浮雕
干挂结构
灯管
白爱神米黄
白爱神米黄
轿箱门

B剖面图

白爱神米黄
白爱神米黄

C剖面图

电梯间 2

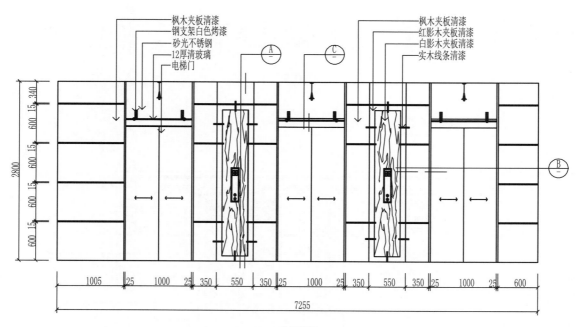

立面图

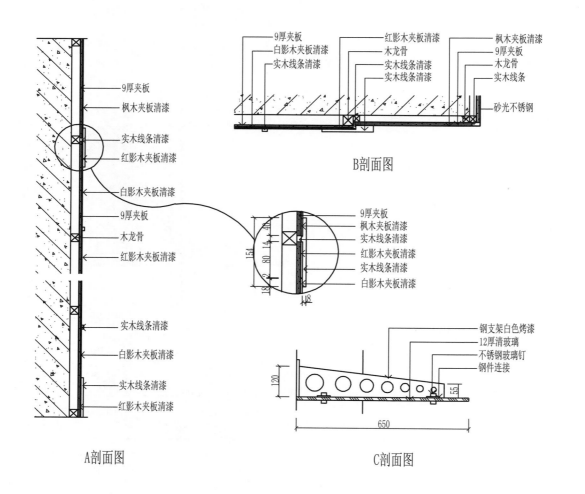

A剖面图   C剖面图

电梯间 3

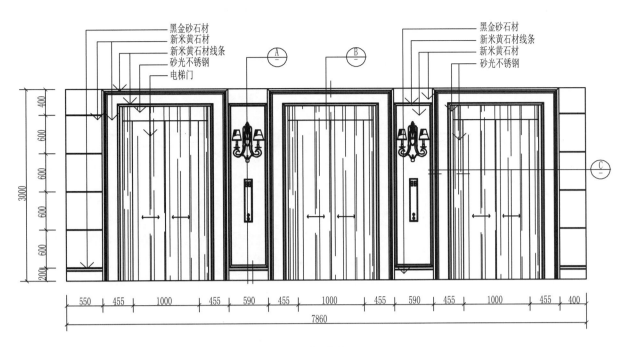

立面图

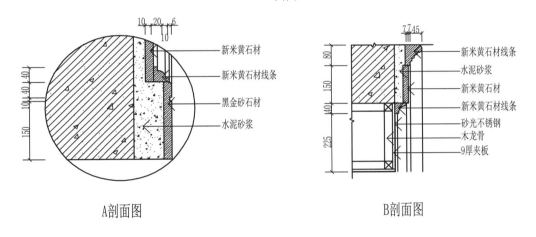

A剖面图

B剖面图

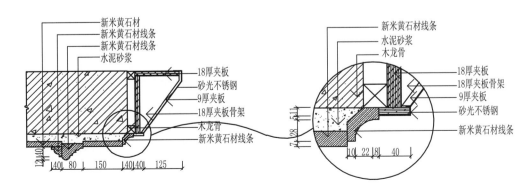

C剖面图

电梯间 4

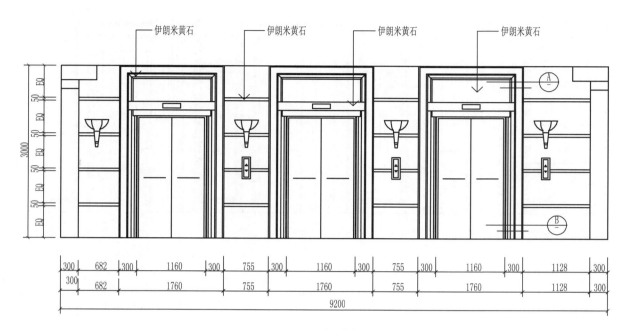

立面图

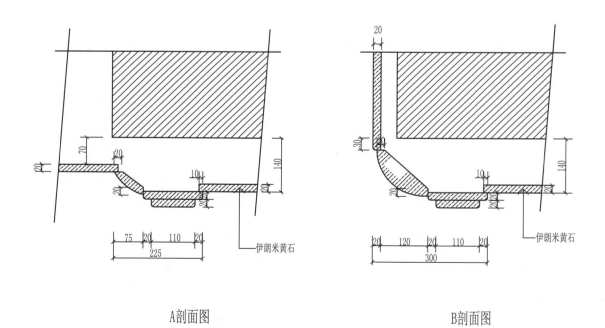

A剖面图   B剖面图

2.6　卫生间设计方案

卫生间 1

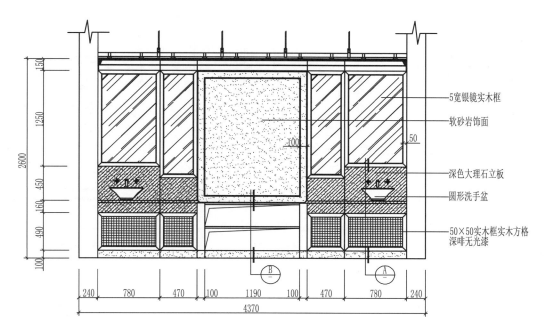

5宽银镜实木框

软砂岩饰面

深色大理石立板

圆形洗手盆

50×50实木框实木方格深啡无光漆

150
1250
2600
450
160
490
100

50
100
100

240　780　470　100　1190　100　470　780　240

4370

立面图

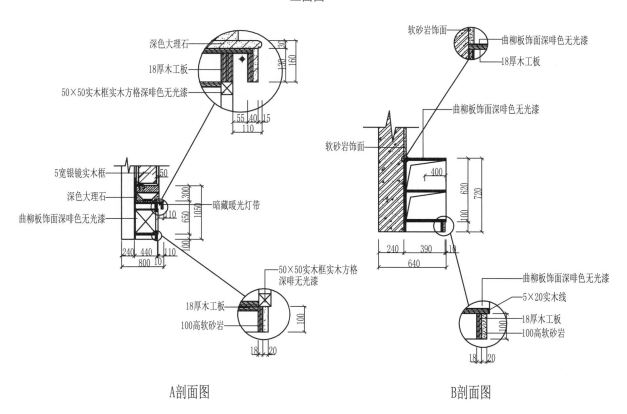

深色大理石
18厚木工板
50×50实木框实木方格深啡色无光漆

软砂岩饰面
曲柳板饰面深啡色无光漆
18厚木工板

曲柳板饰面深啡色无光漆

软砂岩饰面

30
160
110

55　40　15
110

5宽银镜实木框
深色大理石
曲柳板饰面深啡色无光漆

50
300
110
660
1050

暗藏暖光灯带

240　440　110
800

400
620
720
100

240　390　10
640

50×50实木框实木方格深啡无光漆
18厚木工板
100高软砂岩

100

18　20

曲柳板饰面深啡色无光漆
5×20实木线
18厚木工板
100高软砂岩

100

18　20

A剖面图　　　　　　　　　　　　　B剖面图

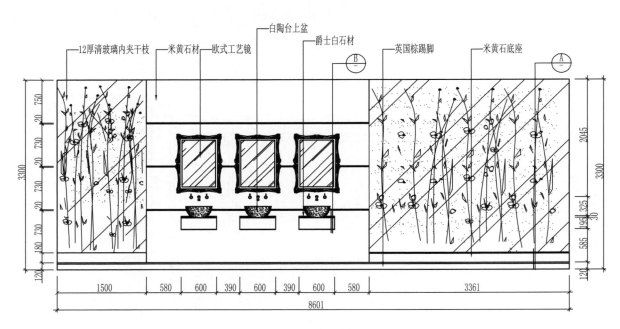

12厚清玻璃内夹干枝　米黄石材　欧式工艺镜　白陶台上盆　爵士白石材　英国棕踢脚　米黄石底座

立面图

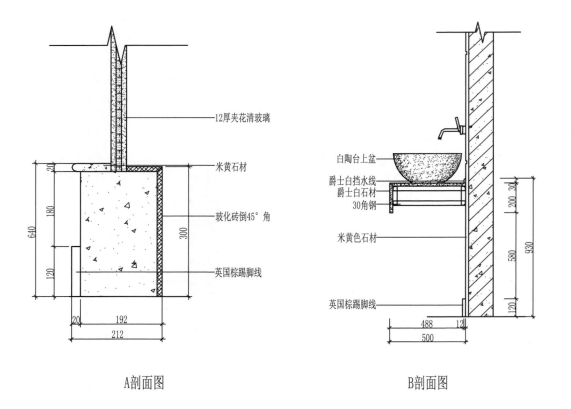

12厚夹花清玻璃

米黄石材

玻化砖倒45°角

英国棕踢脚线

A剖面图

白陶台上盆
爵士白挡水线
爵士白石材
30角钢
米黄色石材
英国棕踢脚线

B剖面图

卫生间 3

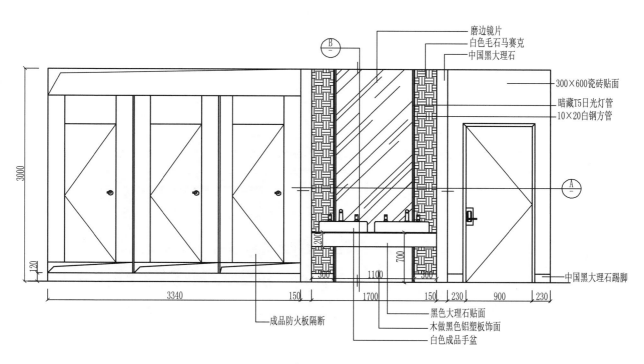

磨边镜片
白色毛石马赛克
中国黑大理石
300×600瓷砖贴面
暗藏T5日光灯管
10×20白钢方管

3000

220

3340　150　1700　150　230　900　230

中国黑大理石踢脚

成品防火板隔断
黑色大理石贴面
木做黑色铝塑板饰面
白色成品手盆

立面图

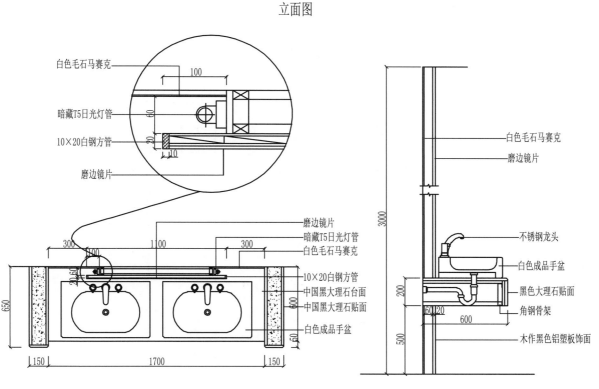

白色毛石马赛克
暗藏T5日光灯管
10×20白钢方管
磨边镜片

100

磨边镜片
暗藏T5日光灯管
白色毛石马赛克
10×20白钢方管
中国黑大理石台面
中国黑大理石贴面
白色成品手盆

300　1100　300

650

150　1700　150

A剖面图

白色毛石马赛克
磨边镜片

不锈钢龙头
白色成品手盆
黑色大理石贴面
角钢骨架
木作黑色铝塑板饰面

3000
200
500
600

B剖面图

卫生间 4

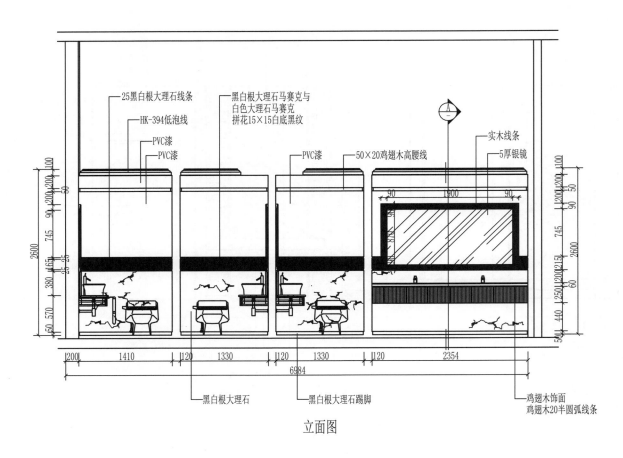

25黑白根大理石线条
黑白根大理石马赛克与
白色大理石马赛克
拼花15×15白底黑纹

HK-394低泡线

PVC漆
PVC漆

PVC漆
50×20鸡翅木高腰线

实木线条

5厚银镜

黑白根大理石

黑白根大理石踢脚

鸡翅木饰面
鸡翅木20半圆弧线条

立面图

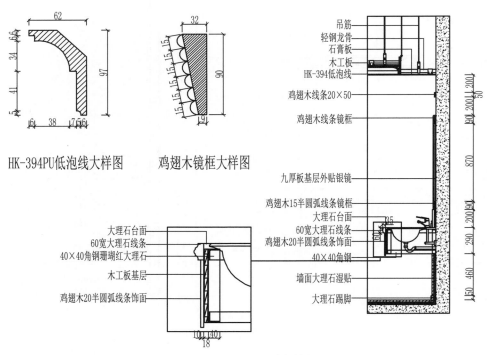

HK-394PU低泡线大样图

鸡翅木镜框大样图

吊筋
轻钢龙骨
石膏板
木工板
HK-394低泡线

鸡翅木线条20×50

鸡翅木线条镜框

九厚板基层外贴银镜

鸡翅木15半圆弧线条镜框
大理石台面
60宽大理石线条
鸡翅木20半圆弧线条饰面
40×40角钢

墙面大理石湿贴

大理石踢脚

大理石台面
60宽大理石线条
40×40角钢珊瑚红大理石
木工板基层
鸡翅木20半圆弧线条饰面

A剖面图

2.7　家具设计方案

家具 1

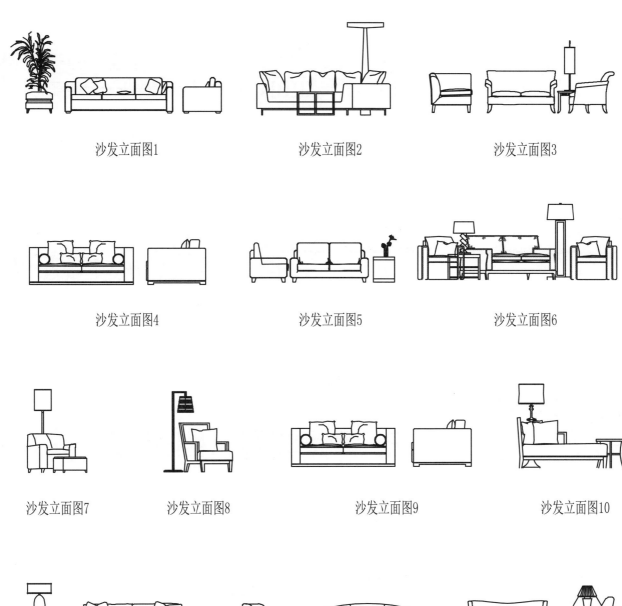

沙发立面图1　　　　　　沙发立面图2　　　　　　沙发立面图3

沙发立面图4　　　　　　沙发立面图5　　　　　　沙发立面图6

沙发立面图7　　沙发立面图8　　沙发立面图9　　沙发立面图10

沙发立面图11　　　　　沙发立面图12　　　　　沙发立面图13

床立面图1

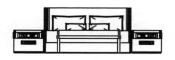

床立面图2

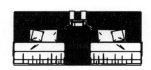

床立面图3

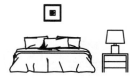

床立面图4

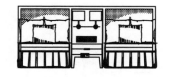

床立面图5

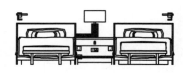

床立面图6

床立面图4

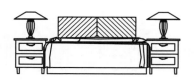

床立面图5

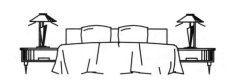

床立面图6

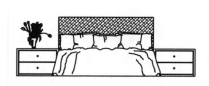

床立面图7

床立面图8

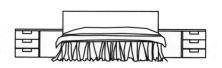

床立面图9

床立面图10

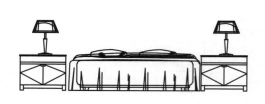

床立面图11

桌椅立面图1

桌椅立面图2

桌椅立面图3

桌椅立面图4

桌椅立面图5

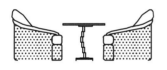

桌椅立面图6

桌椅立面图7

桌椅立面图8

桌椅立面图9

桌椅立面图10

桌椅立面图11

桌椅立面图12

桌椅立面图13

桌椅立面图14

—— 家具 4 ——

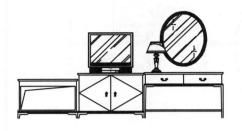

柜子立面图1

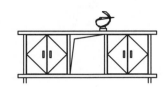

柜子立面图2

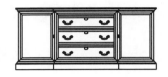

柜子立面图3

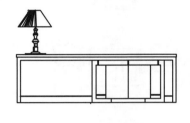

柜子立面图4

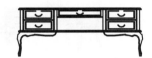

柜子立面图5

柜子立面图6

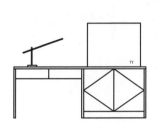

柜子立面图7

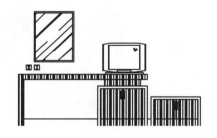

柜子立面图8

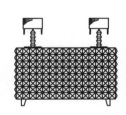

柜子立面图9

柜子立面图10

柜子立面图11

柜子立面图12

3.1 墙面设计方案

墙面1

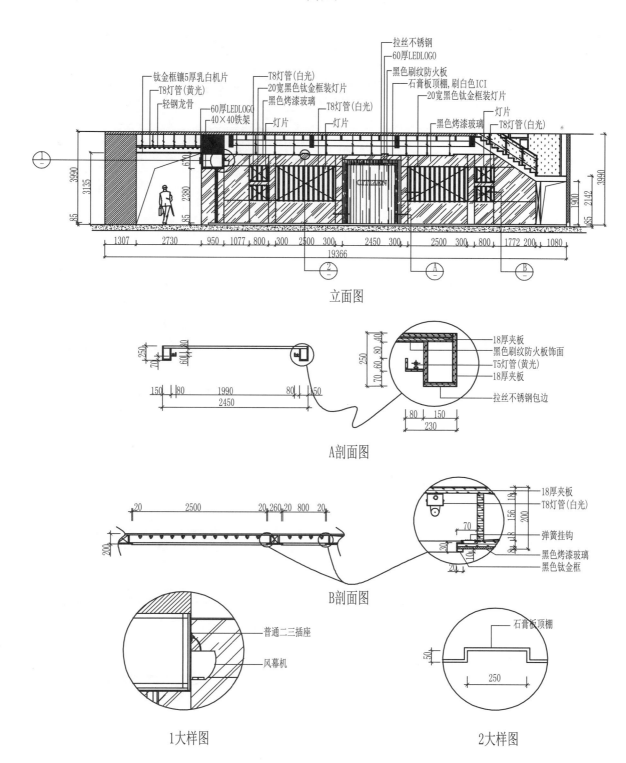

立面图

钛金框镶5厚乳白机片
T8灯管(黄光)
轻钢龙骨
60厚LEDLOGO
40×40铁架
T8灯管(白光)
20宽黑色钛金框装灯片
黑色烤漆玻璃
灯片
T8灯管(白光)
灯片
拉丝不锈钢
60厚LEDLOGO
黑色刷纹防火板
石膏板顶棚,刷白色ICI
20宽黑色钛金框装灯片
黑色烤漆玻璃
T8灯管(白光)

A剖面图

18厚夹板
黑色刷纹防火板饰面
T5灯管(黄光)
18厚夹板
拉丝不锈钢包边

B剖面图

18厚夹板
T8灯管(白光)
弹簧挂钩
黑色烤漆玻璃
黑色钛金框

1大样图

普通二三插座
风幕机

2大样图

石膏板顶棚

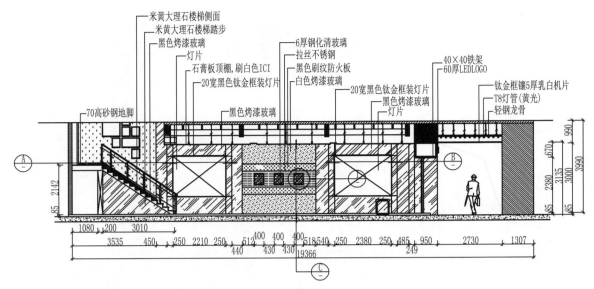

米黄大理石楼梯侧面
米黄大理石楼梯踏步
黑色烤漆玻璃
灯片
石膏板顶棚,刷白色ICI
20宽黑色钛金框装灯片
黑色烤漆玻璃
70高砂钢地脚

6厚钢化清玻璃
拉丝不锈钢
黑色刷纹防火板
白色烤漆玻璃
20宽黑色钛金框装灯片
黑色烤漆玻璃
灯片

40×40铁架
60厚LEDLOGO
钛金框镶5厚乳白机片
T8灯管(黄光)
轻钢龙骨

立面图

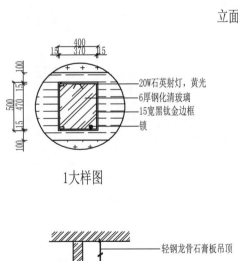

20W石英射灯,黄光
6厚钢化清玻璃
15宽黑钛金边框
锁

1大样图

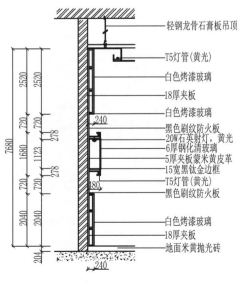

轻钢龙骨石膏板吊顶
T5灯管(黄光)
白色烤漆玻璃
18厚夹板
白色烤漆玻璃
黑色刷纹防火板
20W石英射灯,黄光
6厚钢化清玻璃
5厚夹板蒙米黄皮革
15宽黑钛金边框
T5灯管(黄光)
黑色刷纹防火板
白色烤漆玻璃
18厚夹板
地面米黄抛光砖

C剖面图

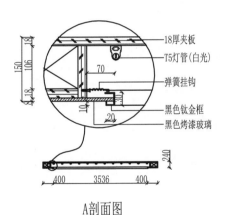

18厚夹板
T5灯管(白光)
弹簧挂钩
黑色钛金框
黑色烤漆玻璃

A剖面图

18厚夹板
T8灯管(白光)
弹簧挂钩
黑色烤漆玻璃
黑色钛金框

B剖面图

墙面 3

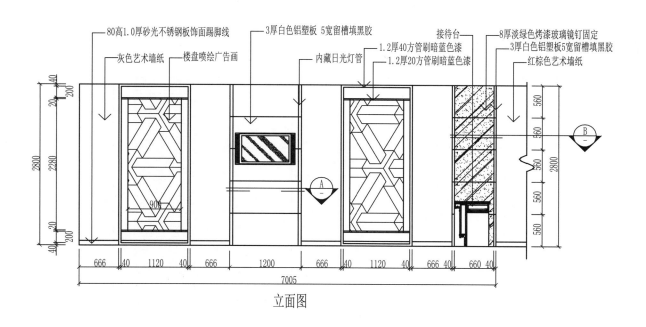

80高1.0厚砂光不锈钢板饰面踢脚线　　3厚白色铝塑板 5宽留槽填黑胶　　接待台　　8厚淡绿色烤漆玻璃镜钉固定

灰色艺术墙纸　　楼盘喷绘广告画　　内藏日光灯管　　1.2厚40方管刷暗蓝色漆　　3厚白色铝塑板5宽留槽填黑胶

1.2厚20方管刷暗蓝色漆　　红棕色艺术墙纸

立面图

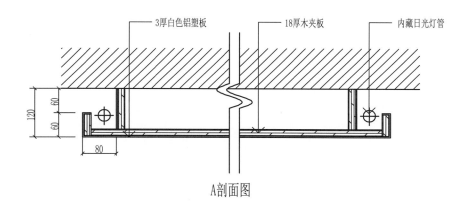

3厚白色铝塑板　　18厚木夹板　　内藏日光灯管

A剖面图

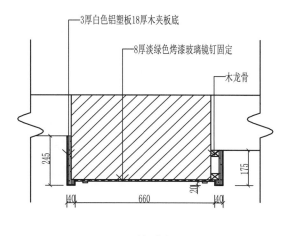

3厚白色铝塑板18厚木夹板底

8厚淡绿色烤漆玻璃镜钉固定

木龙骨

B剖面图

墙面 4

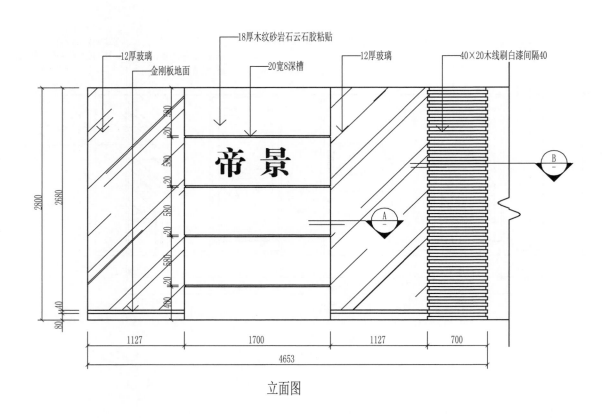

12厚玻璃
金刚板地面
18厚木纹砂岩石云石胶粘贴
20宽8深槽
12厚玻璃
40×20木线刷白漆间隔40

帝 景

2800
2680

80 40

1127   1700   1127   700
4653

立面图

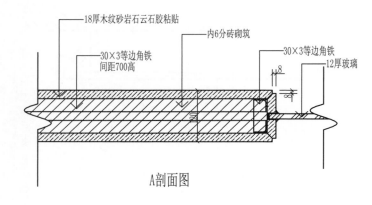

18厚木纹砂岩石云石胶粘贴
30×3等边角铁间距700高
内6分砖砌筑
30×3等边角铁
12厚玻璃

A剖面图

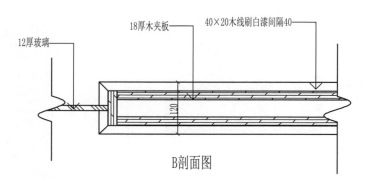

18厚木夹板
40×20木线刷白漆间隔40
12厚玻璃

B剖面图

墙面 5

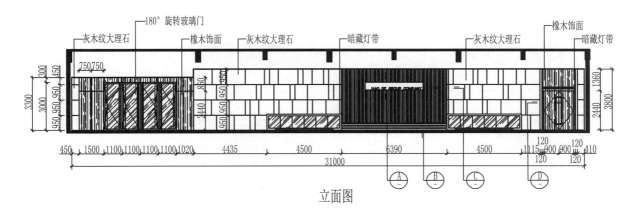

立面图

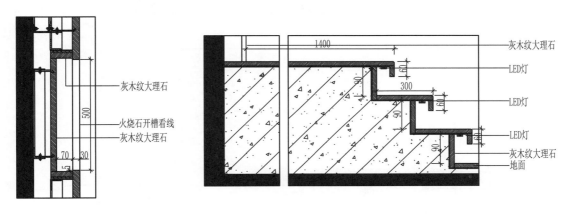

A剖面图

B剖面图

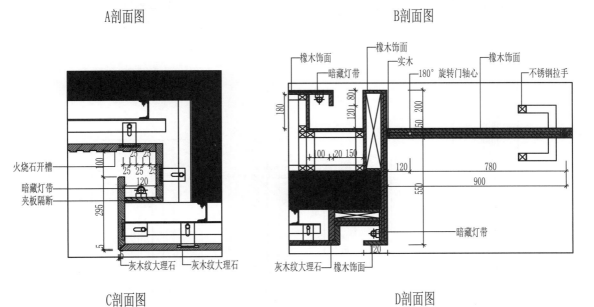

C剖面图

D剖面图

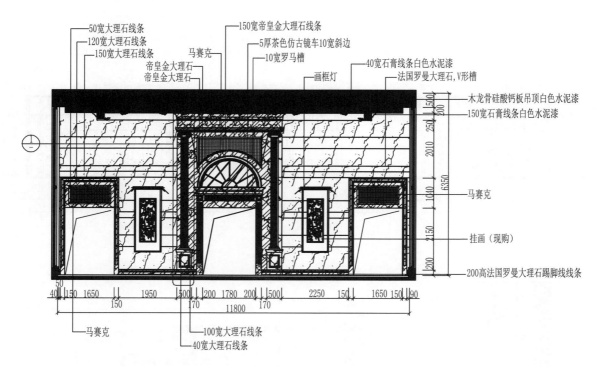

50宽大理石线条
120宽大理石线条
150宽大理石线条
帝皇金大理石
帝皇金大理石
马赛克
150宽帝皇金大理石线条
5厚茶色仿古镜车10宽斜边
10宽罗马槽
画框灯
40宽石膏线条白色水泥漆
法国罗曼大理石,V形槽
木龙骨硅酸钙板吊顶白色水泥漆
150宽石膏线条白色水泥漆
马赛克
挂画(现购)
200高法国罗曼大理石踢脚线线条

1500 200 250 2010 1040 2150 200
6350

50 400 150 1650 1950 1500 200 1780 200 1500 2250 150 1650 150 90
150 170 170
11800

马赛克
100宽大理石线条
40宽大理石线条

立面图

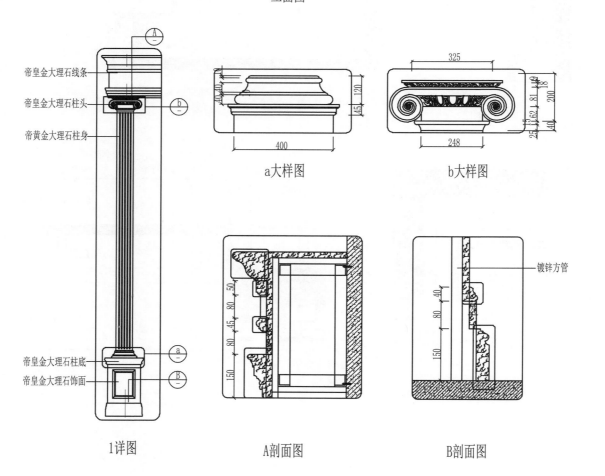

帝皇金大理石线条
帝皇金大理石柱头
帝黄金大理石柱身
帝皇金大理石柱底
帝皇金大理石饰面

A
b
a
B

40 40 120 45
400

325
248
200
18 81 62 15 25

镀锌方管
50 50
80
45
80
150

40
80
150

1详图
A剖面图
B剖面图
a大样图
b大样图

墙面 7

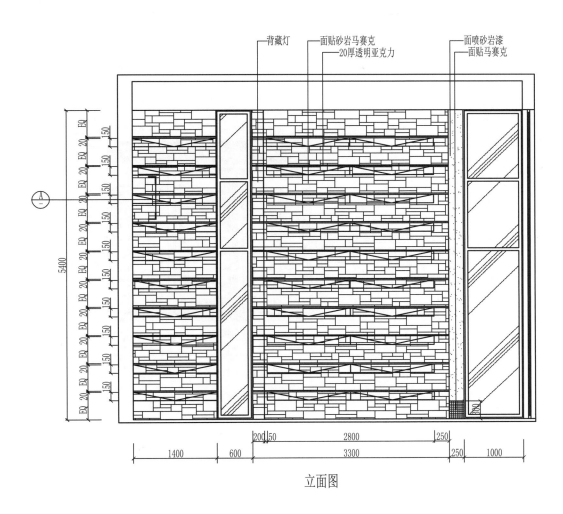

背藏灯　面贴砂岩马赛克　　　面喷砂岩漆
　　　　20厚透明亚克力　　　面贴马赛克

5400

EQ 20 EQ 20 EQ 20 EQ 20 EQ 20 EQ 20 EQ 20 EQ 20 EQ 20 EQ

150 150 150 150 150 150 150 150 150

Ⓐ

1400　　600　　200 50　2800　250　250　1000
　　　　　　　　3300

立面图

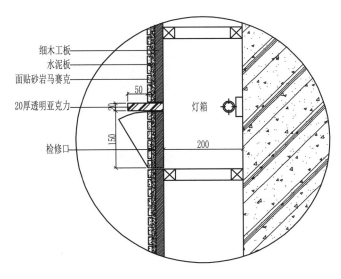

细木工板
水泥板
面贴砂岩马赛克
20厚透明亚克力
检修口

50
20
150
灯箱
200

A剖面图

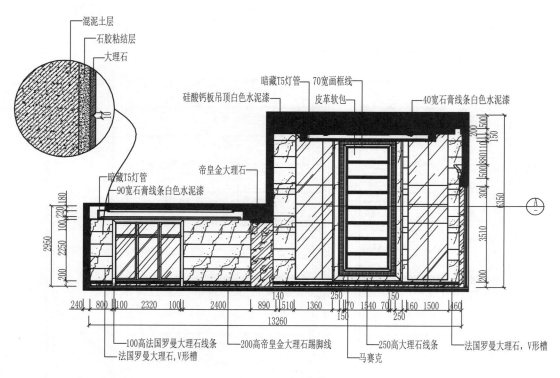

混泥土层
石胶粘结层
大理石

暗藏T5灯管
硅酸钙板吊顶白色水泥漆

70宽画框线
皮革软包

40宽石膏线条白色水泥漆

暗藏T5灯管
90宽石膏线条白色水泥漆

帝皇金大理石

100高法国罗曼大理石线条
法国罗曼大理石，V形槽

200高帝皇金大理石踢脚线

250高大理石线条

法国罗曼大理石，V形槽

马赛克

立面图

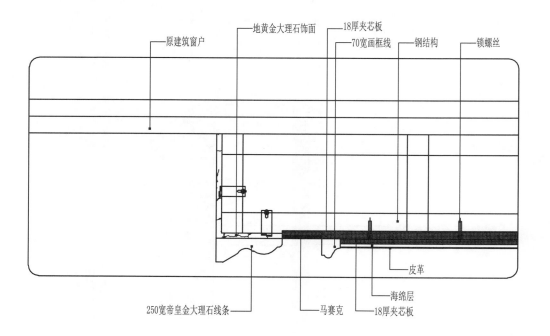

原建筑窗户

地黄金大理石饰面

18厚夹芯板

70宽画框线

钢结构

锁螺丝

皮革

海绵层

18厚夹芯板

250宽帝皇金大理石线条

马赛克

A剖面图

墙面 9

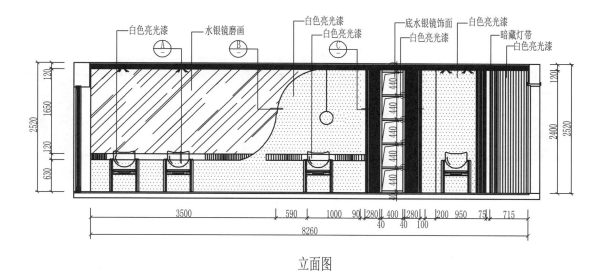

白色亮光漆　水银镜磨画　白色亮光漆　底水银镜饰面　白色亮光漆
白色亮光漆　白色亮光漆　暗藏灯带
白色亮光漆

立面图

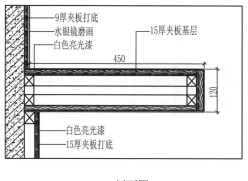

9厚夹板打底
水银镜磨画
白色亮光漆
15厚夹板基层

白色亮光漆
15厚夹板打底

A剖面图

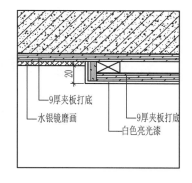

9厚夹板打底
水银镜磨画
9厚夹板打底
白色亮光漆

B剖面图

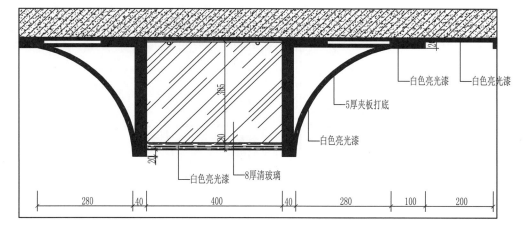

白色亮光漆　白色亮光漆
5厚夹板打底
白色亮光漆
白色亮光漆　8厚清玻璃

C剖面图

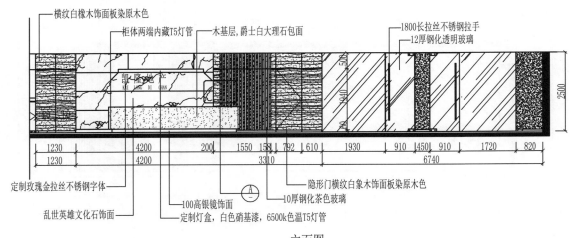

横纹白橡木饰面板染原木色
柜体两端内藏T5灯管
木基层,爵士白大理石包面
1800长拉丝不锈钢拉手
12厚钢化透明玻璃

凯 隆 地 产
KAI LONG DI CHAN

1230 4200 200 1550 158 792 610 1930 910 450 910 1720 820
1230 4200 3310 6740

定制玫瑰金拉丝不锈钢字体
乱世英雄文化石饰面
100高银镜饰面
定制灯盒,白色硝基漆,6500k色温T5灯管
隐形门横纹白象木饰面板染原木色
10厚钢化茶色玻璃

A

立面图

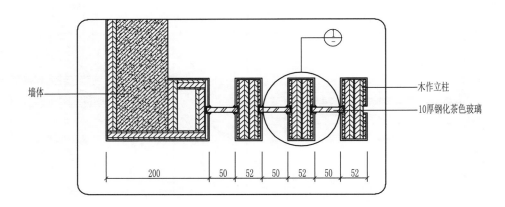

墙体
木作立柱
10厚钢化茶色玻璃

200 50 52 50 52 50 52

A剖面图

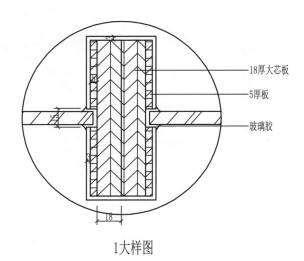

18厚大芯板
5厚板
玻璃胶

18

1大样图

墙面 11

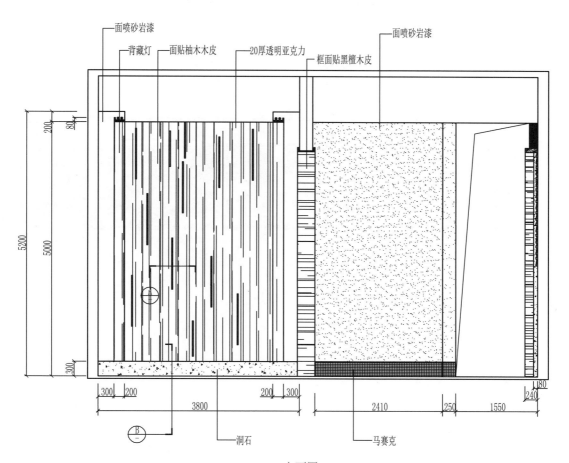

面喷砂岩漆
背藏灯　面贴柚木木皮　20厚透明亚克力　框面贴黑檀木皮　面喷砂岩漆

200
80
5200
5000
300

300　200　　　　　　　　　　200　300
3800

2410　250　1550
180
240

洞石　　　马赛克

立面图

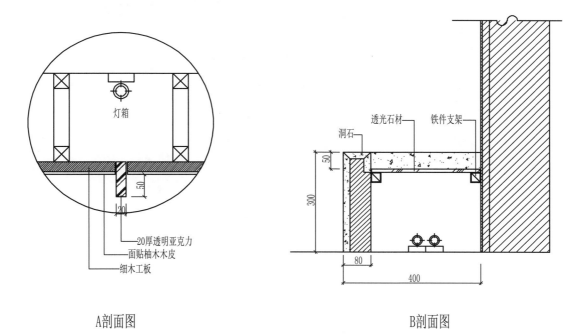

灯箱

50
20

20厚透明亚克力
面贴柚木木皮
细木工板

A剖面图

透光石材　铁件支架
洞石

50
300
80
400

B剖面图

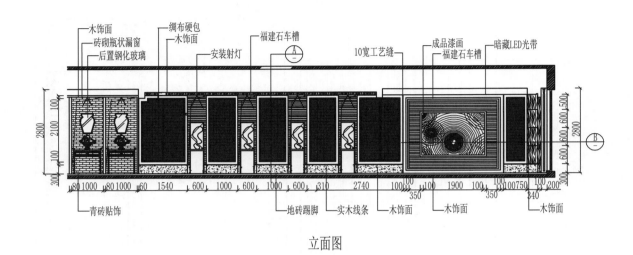

木饰面
砖砌瓶状漏窗
后置钢化玻璃
绸布硬包
木饰面
安装射灯
福建石车槽
10宽工艺缝
成品漆画
福建石车槽
暗藏LED光带

青砖贴饰
地砖踢脚
实木线条
木饰面
木饰面
木饰面

立面图

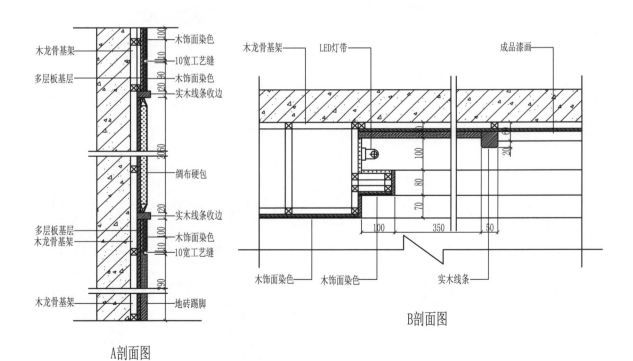

木龙骨基架
多层板基层
木饰面染色
10宽工艺缝
木饰面染色
实木线条收边
绸布硬包
实木线条收边
多层板基层
木龙骨基架
木饰面染色
10宽工艺缝
木龙骨基架
地砖踢脚

A剖面图

木龙骨基架
LED灯带
成品漆画
木饰面染色
木饰面染色
实木线条

B剖面图

墙面 13

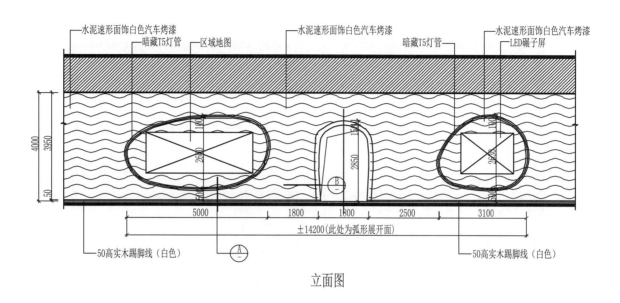

水泥速形面饰白色汽车烤漆　　　　水泥速形面饰白色汽车烤漆　　　　水泥速形面饰白色汽车烤漆
暗藏T5灯管　区域地图　　　　　　　　暗藏T5灯管　　　　　　LED碾子屏

4000　3950　50

5000　　1800　1800　　2500　　3100

±14200(此处为弧形展开面)

50高实木踢脚线（白色）　　　　　　　　　　　　　50高实木踢脚线（白色）

立面图

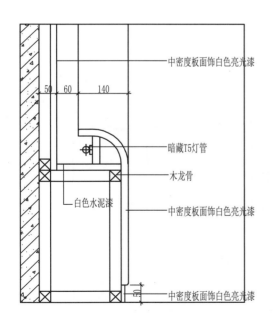

中密度板面饰白色亮光漆

50　60　140

暗藏T5灯管

木龙骨

白色水泥漆

中密度板面饰白色亮光漆

中密度板面饰白色亮光漆

A剖面图

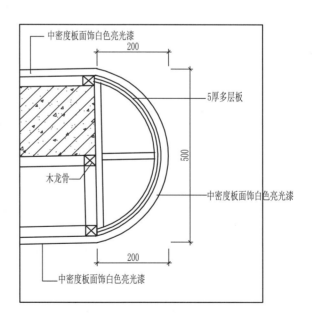

中密度板面饰白色亮光漆　200

5厚多层板

500

木龙骨

中密度板面饰白色亮光漆

200

中密度板面饰白色亮光漆

B剖面图

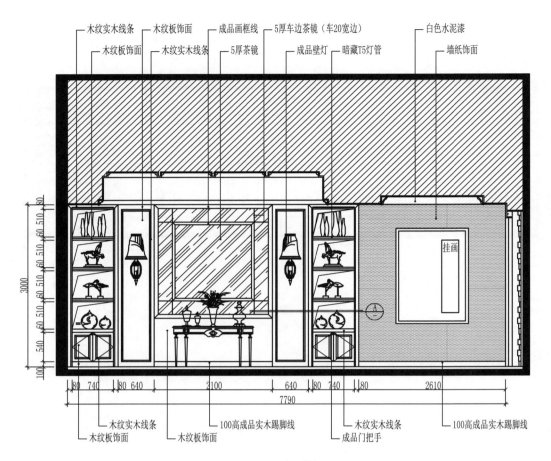

木纹实木线条　木纹板饰面　成品画框线　5厚车边茶镜（车20宽边）　白色水泥漆

木纹板饰面　木纹实木线条　5厚茶镜　成品壁灯　暗藏T5灯管　墙纸饰面

挂画

80
510
60
510
60
510
60
540
100
3000

80　740　80　640　2100　640　80　740　80　2610
7790

木纹实木线条　100高成品实木踢脚线　木纹实木线条　100高成品实木踢脚线

木纹板饰面　木纹板饰面　成品门把手

立面图

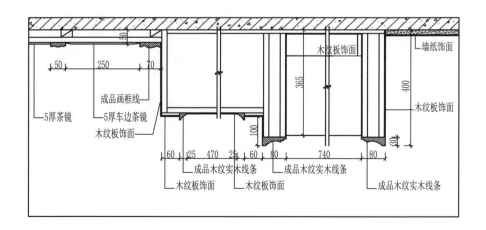

木纹板饰面　墙纸饰面

50　250　70

成品画框线

365　400

5厚茶镜　5厚车边茶镜　木纹板饰面

木纹板饰面　木纹板饰面

100

60　25　470　25　60　80　740　80

成品木纹实木线条　成品木纹实木线条　木纹板饰面　木纹板饰面　成品木纹实木线条

A剖面图

墙面 15

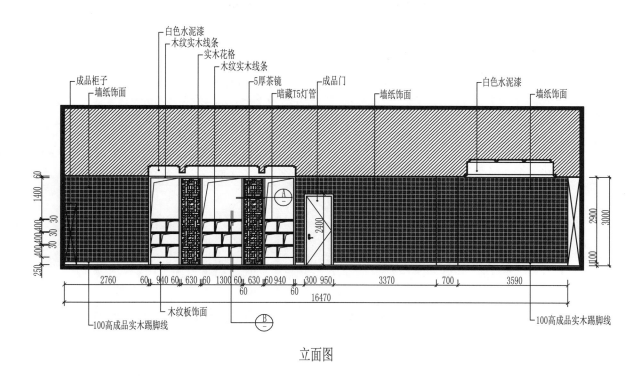

白色水泥漆
木纹实木线条
实木花格
木纹实木线条
5厚茶镜
暗藏T5灯管
成品门
白色水泥漆
成品柜子
墙纸饰面
墙纸饰面
墙纸饰面

60
1400
60
400 400 400
30 30
30
250

2900
3000
1100

2400

2760　60 940 60　630 60　1300 60　630　60 940　　300 950　　3370　　700　　3590
60　　　　　60
16470

木纹板饰面

100高成品实木踢脚线
100高成品实木踢脚线

立面图

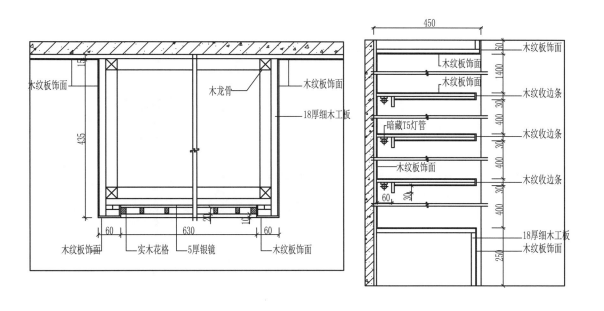

木纹板饰面

15

木龙骨

木纹板饰面

18厚细木工板

435

60　630　60

木纹板饰面　实木花格　5厚银镜　木纹板饰面

450

木纹板饰面
木纹板饰面
木纹板饰面
木纹收边条
暗藏T5灯管
木纹收边条
木纹板饰面
木纹收边条
18厚细木工板
木纹板饰面

60
1400
30
400
30
400
30
400
60 30
250

A剖面图　　　　　　　　**B剖面图**

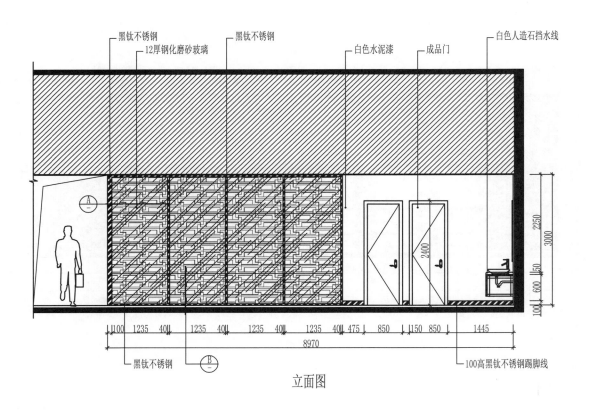

黑钛不锈钢　　12厚钢化磨砂玻璃　　黑钛不锈钢　　白色水泥漆　　成品门　　白色人造石挡水线

2250
3000
2400
150
600
100

100　1235　40　1235　40　1235　40　1235　40　475　850　150　850　1445
8970

黑钛不锈钢

100高黑钛不锈钢踢脚线

立面图

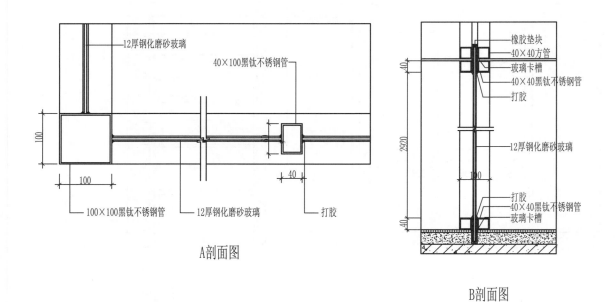

12厚钢化磨砂玻璃

40×100黑钛不锈钢管

100

100

40

100×100黑钛不锈钢管　　12厚钢化磨砂玻璃　　打胶

A剖面图

橡胶垫块
40×40方管
玻璃卡槽
40×40黑钛不锈钢管
打胶

40
2920
100
40

12厚钢化磨砂玻璃

打胶
40×40黑钛不锈钢管
玻璃卡槽

B剖面图

墙面 17

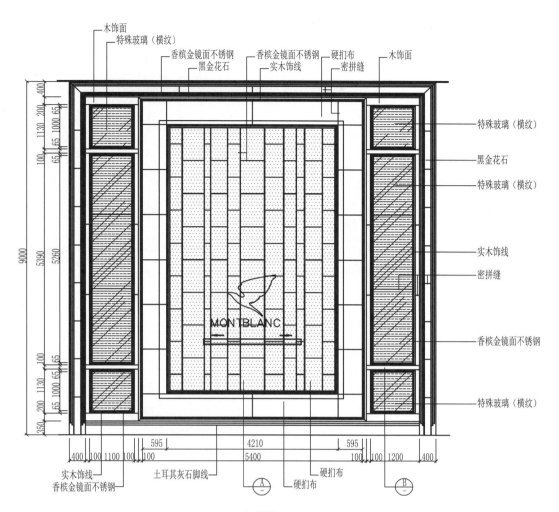

木饰面
特殊玻璃（横纹）
香槟金镜面不锈钢
黑金花石
香槟金镜面不锈钢
实木饰线
硬扪布
密拼缝
木饰面

特殊玻璃（横纹）
黑金花石
特殊玻璃（横纹）
实木饰线
密拼缝
香槟金镜面不锈钢
特殊玻璃（横纹）

实木饰线
香槟金镜面不锈钢
土耳其灰石脚线
硬扪布
硬扪布

立面图

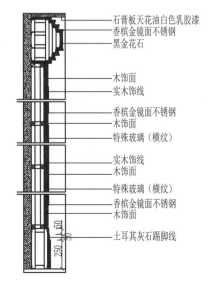

石膏板天花油白色乳胶漆
香槟金镜面不锈钢
黑金花石
木饰面
实木饰线
香槟金镜面不锈钢
木饰面
特殊玻璃（横纹）
实木饰线
木饰面
特殊玻璃（横纹）
香槟金镜面不锈钢
木饰面
土耳其灰石踢脚线

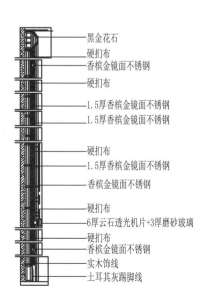

黑金花石
硬扪布
香槟金镜面不锈钢
硬扪布
1.5厚香槟金镜面不锈钢
1.5厚香槟金镜面不锈钢
硬扪布
1.5厚香槟金镜面不锈钢
香槟金镜面不锈钢
硬扪布
6厚云石透光机片+3厚磨砂玻璃
硬扪布
香槟金镜面不锈钢
实木饰线
土耳其灰踢脚线

A剖面图   B剖面图

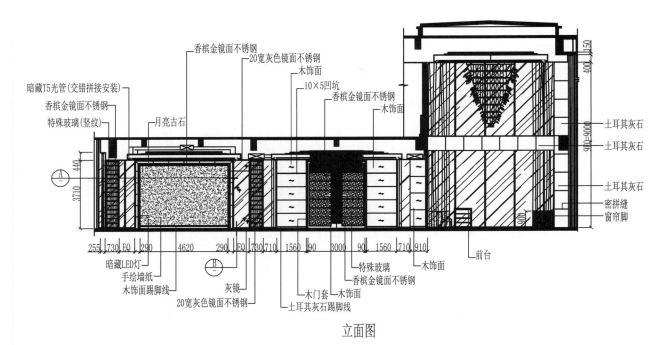

立面图

A剖面图

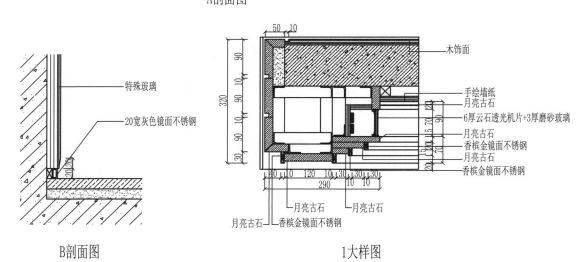

B剖面图

1大样图

墙面 19

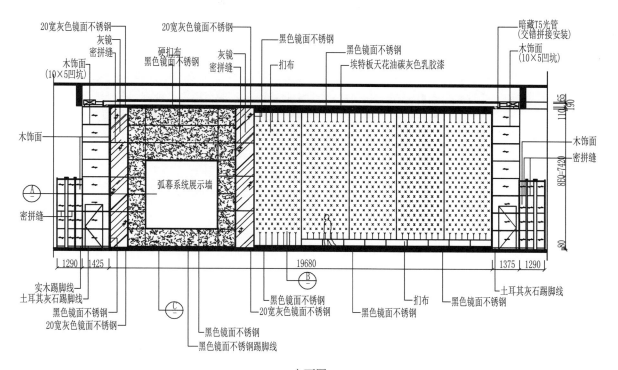

立面图

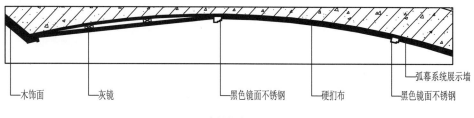

A剖面图

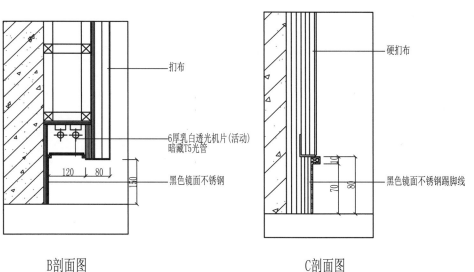

B剖面图   C剖面图

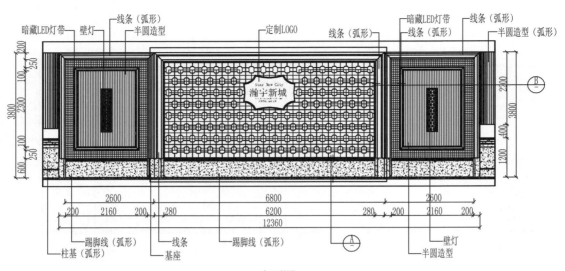

立面图

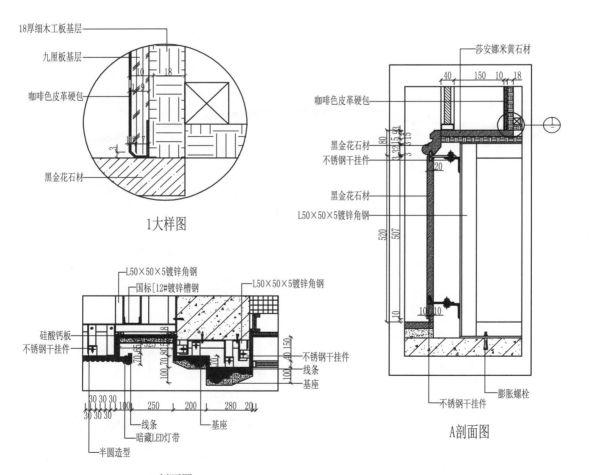

1大样图

B剖面图

A剖面图

3.2 顶面设计方案

顶面 1

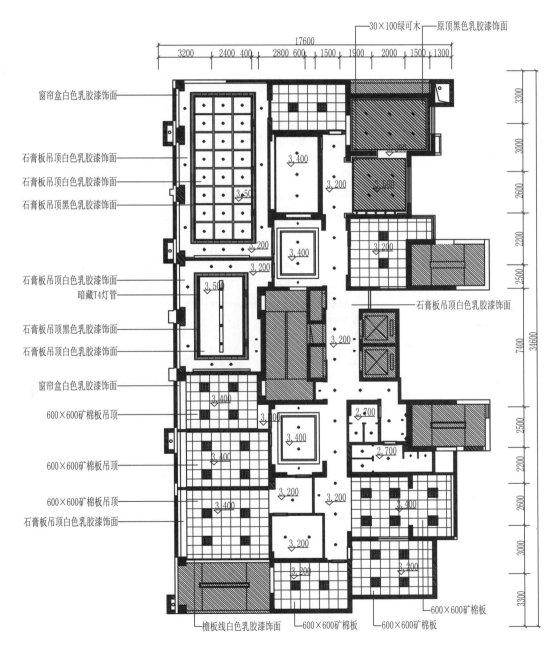

30×100绿可木 — 原顶黑色乳胶漆饰面

窗帘盒白色乳胶漆饰面

石膏板吊顶白色乳胶漆饰面

石膏板吊顶白色乳胶漆饰面

石膏板吊顶黑色乳胶漆饰面

石膏板吊顶白色乳胶漆饰面
暗藏T4灯管

石膏板吊顶黑色乳胶漆饰面

石膏板吊顶白色乳胶漆饰面

窗帘盒白色乳胶漆饰面

600×600矿棉板吊顶

600×600矿棉板吊顶

600×600矿棉板吊顶

石膏板吊顶白色乳胶漆饰面

石膏板吊顶白色乳胶漆饰面

檐板线白色乳胶漆饰面   600×600矿棉板   600×600矿棉板   600×600矿棉板

顶面布置图

顶面 2

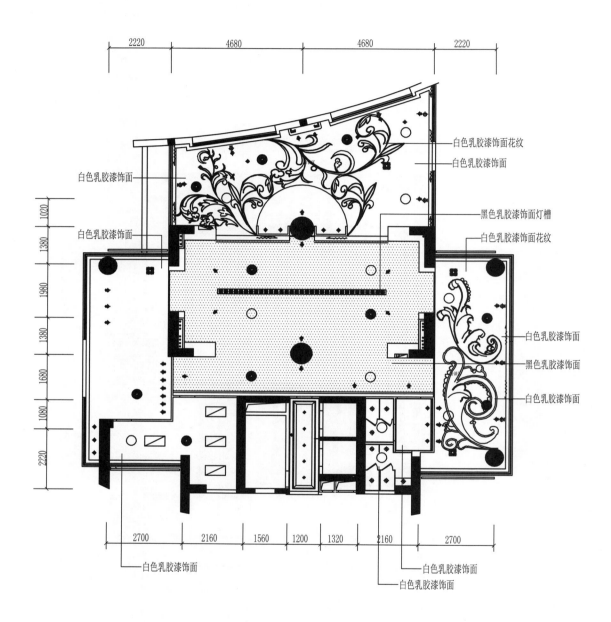

白色乳胶漆饰面花纹

白色乳胶漆饰面

白色乳胶漆饰面

黑色乳胶漆饰面灯槽

白色乳胶漆饰面

白色乳胶漆饰面花纹

白色乳胶漆饰面

黑色乳胶漆饰面

白色乳胶漆饰面

白色乳胶漆饰面

白色乳胶漆饰面

白色乳胶漆饰面

顶面布置图

顶面 3

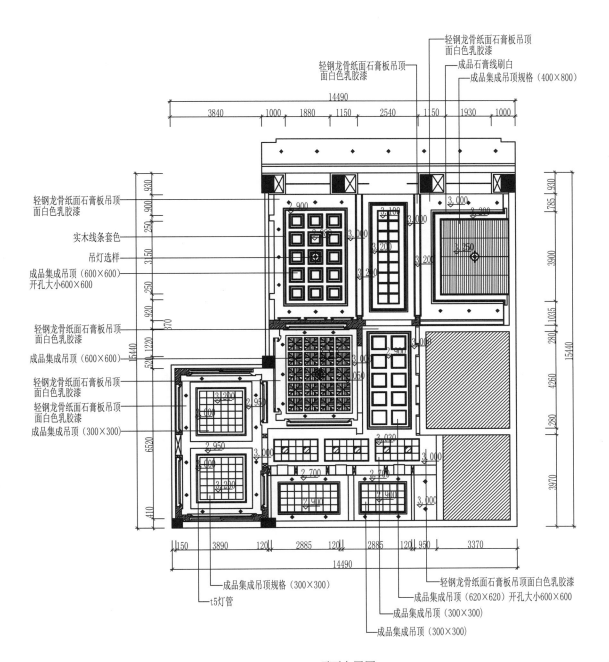

轻钢龙骨纸面石膏板吊顶
面白色乳胶漆

轻钢龙骨纸面石膏板吊顶
面白色乳胶漆

成品石膏线刷白

成品集成吊顶规格（400×800）

轻钢龙骨纸面石膏板吊顶
面白色乳胶漆

实木线条套色

吊灯选样

成品集成吊顶（600×600）
开孔大小600×600

轻钢龙骨纸面石膏板吊顶
面白色乳胶漆

成品集成吊顶（600×600）

轻钢龙骨纸面石膏板吊顶
面白色乳胶漆

轻钢龙骨纸面石膏板吊顶
面白色乳胶漆

成品集成吊顶（300×300）

成品集成吊顶规格（300×300）

t5灯管

轻钢龙骨纸面石膏板吊顶面白色乳胶漆

成品集成吊顶（620×620）开孔大小600×600

成品集成吊顶（300×300）

成品集成吊顶（300×300）

顶面布置图

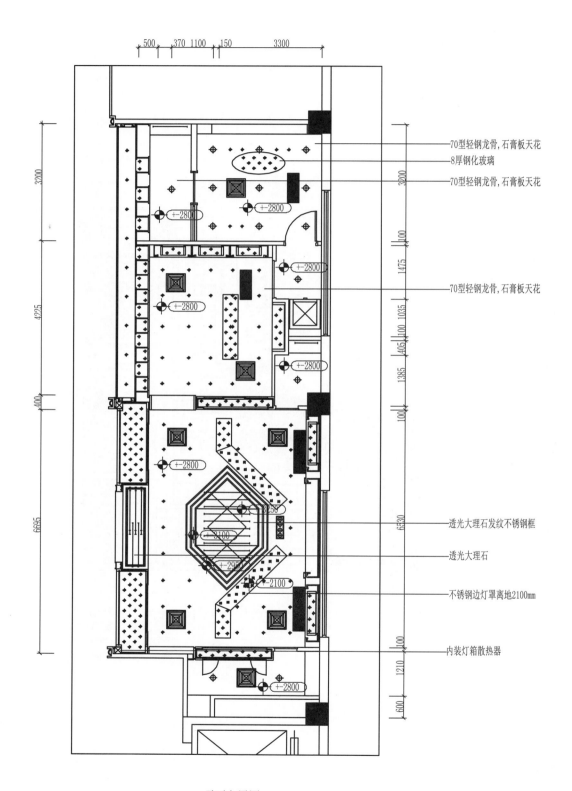

500 370 1100 150   3300

70型轻钢龙骨,石膏板天花
8厚钢化玻璃
70型轻钢龙骨,石膏板天花

70型轻钢龙骨,石膏板天花

透光大理石发纹不锈钢框

透光大理石

不锈钢边灯罩离地2100mm

内装灯箱散热器

顶面布置图

顶面 5

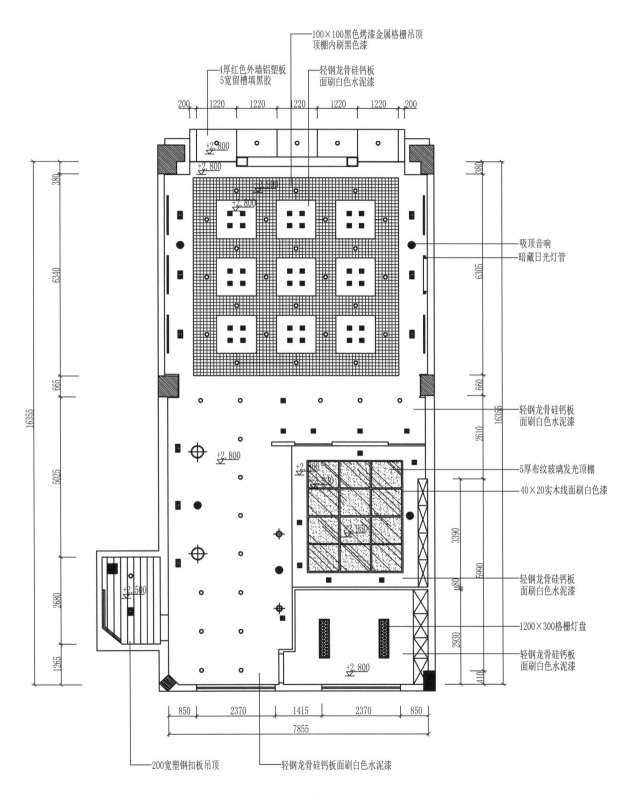

100×100黑色烤漆金属格栅吊顶
顶棚内刷黑色漆

4厚红色外墙铝塑板
5宽留槽填黑胶

轻钢龙骨硅钙板
面刷白色水泥漆

吸顶音响
暗藏日光灯管

轻钢龙骨硅钙板
面刷白色水泥漆

5厚布纹玻璃发光顶棚

40×20实木线面刷白色漆

轻钢龙骨硅钙板
面刷白色水泥漆

1200×300格栅灯盘

轻钢龙骨硅钙板
面刷白色水泥漆

200宽塑钢扣板吊顶

轻钢龙骨硅钙板面刷白色水泥漆

顶面布置图

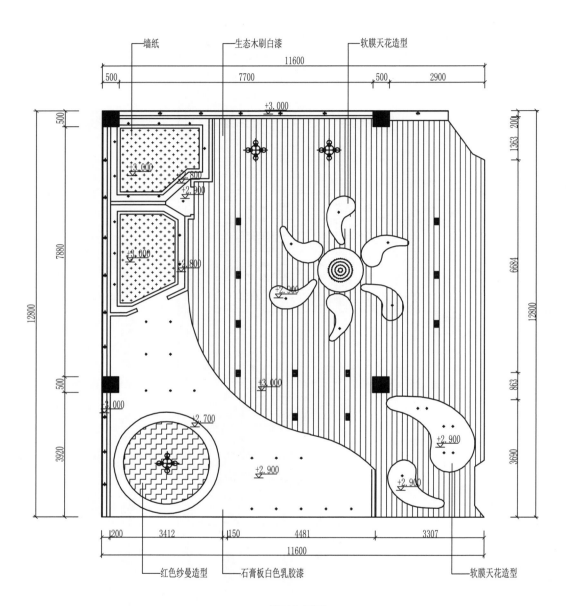

墙纸　　　　生态木刷白漆　　　软膜天花造型

11600
500　　7700　　500　　2900

+3.000

红色纱曼造型　　　石膏板白色乳胶漆　　　软膜天花造型

1200　　3412　　1150　　4481　　3307
11600

顶面布置图

顶面 7

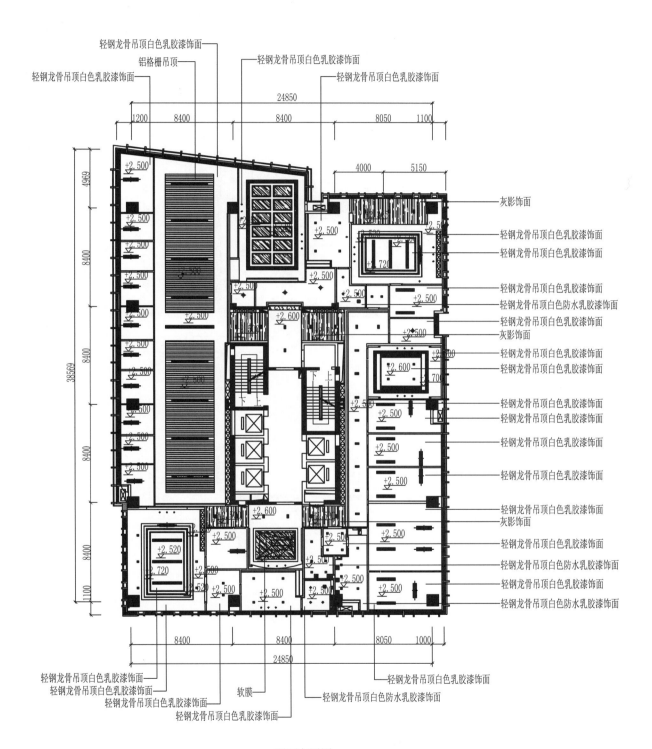

轻钢龙骨吊顶白色乳胶漆饰面
铝格栅吊顶
轻钢龙骨吊顶白色乳胶漆饰面
轻钢龙骨吊顶白色乳胶漆饰面
轻钢龙骨吊顶白色乳胶漆饰面

24850
1200 8400 8400 8050 1100

4000 5150

+2.500
+2.500
+2.500
+2.500
+2.500
+2.500
+2.500
+2.500
+2.500
+2.500
+2.500

+2.500

+2.500
+2.500
+2.500
+2.600
+2.500
+2.500
+2.500
+2.600
+2.500
+1.720
+2.500
+2.600
700
+2.500
+2.500
+2.500
+2.500
+2.600
+2.500
+2.500
+2.500
+2.520
+2.500
+2.520
+2.720
+2.500
+2.500
+2.500
+2.500
+2.500

38569

灰影饰面
轻钢龙骨吊顶白色乳胶漆饰面
轻钢龙骨吊顶白色乳胶漆饰面
轻钢龙骨吊顶白色乳胶漆饰面
轻钢龙骨吊顶白色防水乳胶漆饰面
轻钢龙骨吊顶白色乳胶漆饰面
灰影饰面
轻钢龙骨吊顶白色乳胶漆饰面
轻钢龙骨吊顶白色乳胶漆饰面
轻钢龙骨吊顶白色乳胶漆饰面
轻钢龙骨吊顶白色乳胶漆饰面
轻钢龙骨吊顶白色乳胶漆饰面
轻钢龙骨吊顶白色乳胶漆饰面
轻钢龙骨吊顶白色乳胶漆饰面
灰影饰面
轻钢龙骨吊顶白色乳胶漆饰面
轻钢龙骨吊顶白色防水乳胶漆饰面
轻钢龙骨吊顶白色乳胶漆饰面
轻钢龙骨吊顶白色防水乳胶漆饰面

8400 8400 8050 1000
24850

轻钢龙骨吊顶白色乳胶漆饰面
轻钢龙骨吊顶白色乳胶漆饰面
轻钢龙骨吊顶白色乳胶漆饰面
软膜
轻钢龙骨吊顶白色防水乳胶漆饰面
轻钢龙骨吊顶白色乳胶漆饰面
轻钢龙骨吊顶白色乳胶漆饰面

顶面布置图

顶面 8

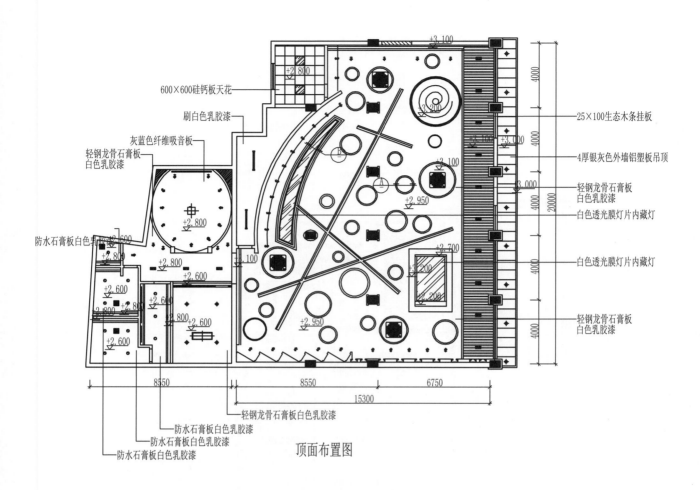

600×600硅钙板天花

刷白色乳胶漆

灰蓝色纤维吸音板

轻钢龙骨石膏板
白色乳胶漆

防水石膏板白色乳胶漆

25×100生态木条挂板

4厚银灰色外墙铝塑板吊顶

轻钢龙骨石膏板
白色乳胶漆

白色透光膜灯片内藏灯

白色透光膜灯片内藏灯

轻钢龙骨石膏板
白色乳胶漆

轻钢龙骨石膏板白色乳胶漆

防水石膏板白色乳胶漆

防水石膏板白色乳胶漆

防水石膏板白色乳胶漆

顶面布置图

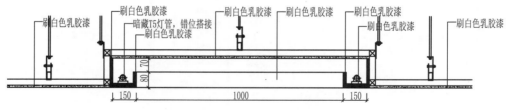

A剖面图

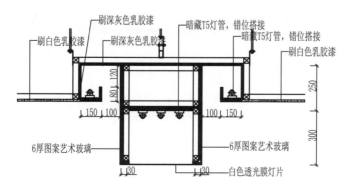

B剖面图

3.3 地面设计方案

— 地面 1 —

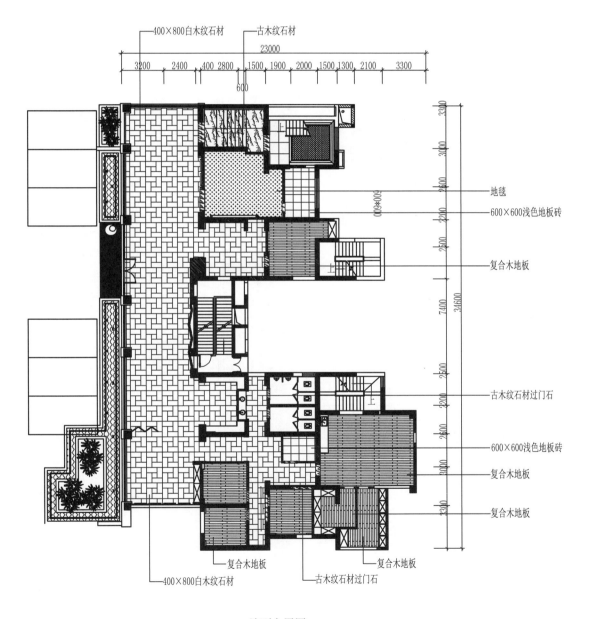

地面布置图

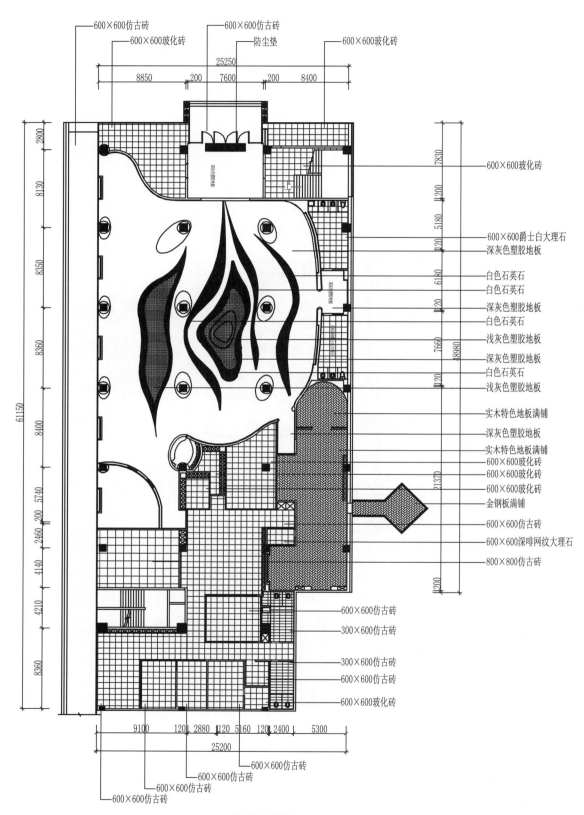

600×600玻化砖

600×600爵士白大理石
深灰色塑胶地板

白色石英石
白色石英石
深灰色塑胶地板
白色石英石
浅灰色塑胶地板
深灰色塑胶地板
白色石英石
浅灰色塑胶地板

实木特色地板满铺
深灰色塑胶地板
实木特色地板满铺
600×600玻化砖
600×600玻化砖
600×600玻化砖
金钢板满铺
600×600仿古砖
600×600深咖网纹大理石
800×800仿古砖

600×600仿古砖

300×600仿古砖

300×600仿古砖
600×600仿古砖

600×600玻化砖

600×600仿古砖

600×600仿古砖

600×600仿古砖

地面布置图

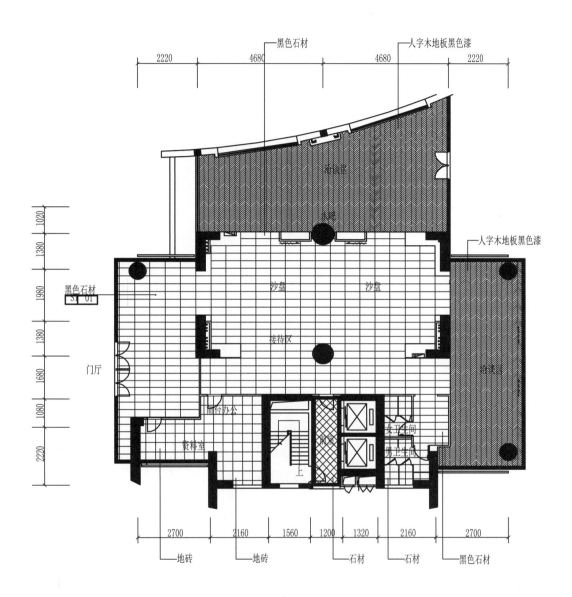

地面布置图

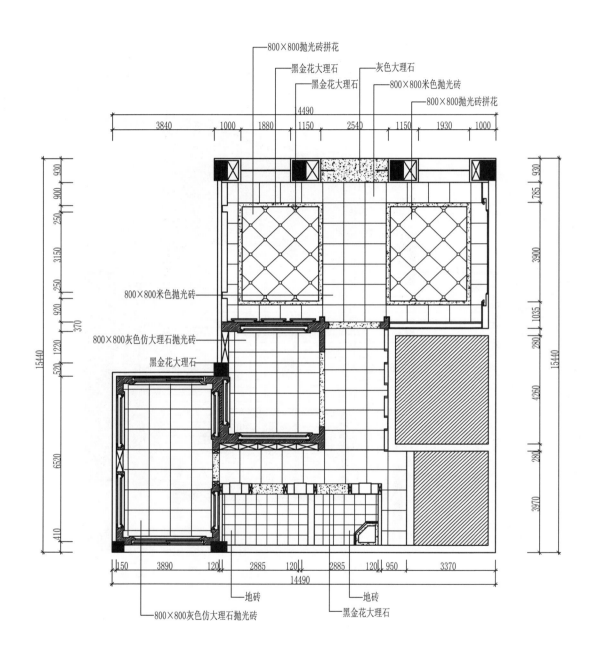

地面布置图

地面 5

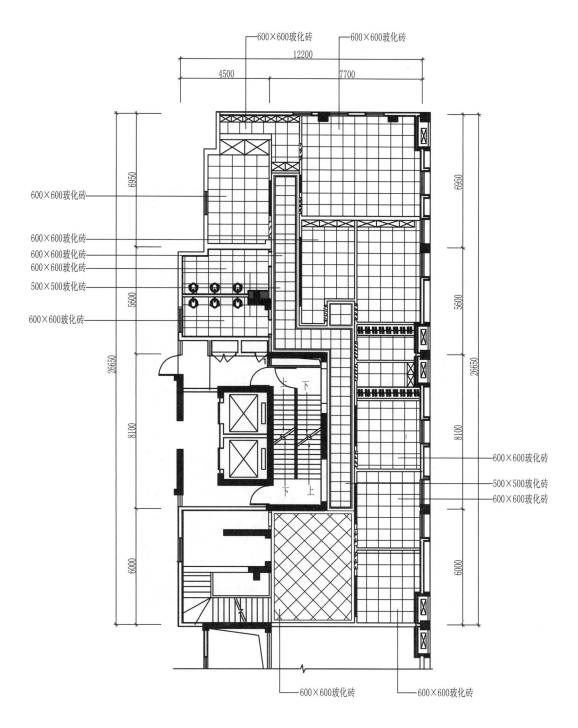

600×600玻化砖　600×600玻化砖

12200

4500　7700

600×600玻化砖

600×600玻化砖
600×600玻化砖
600×600玻化砖
500×500玻化砖

600×600玻化砖

6950

6950

5600

5600

26650

26650

8100

8100

600×600玻化砖
500×500玻化砖
600×600玻化砖

6000

6000

600×600玻化砖　600×600玻化砖

地面布置图

地面 6

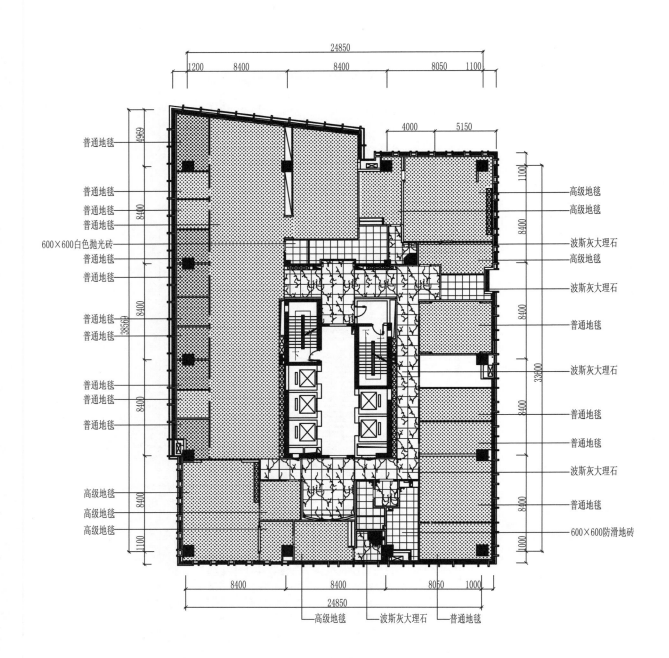

普通地毯
普通地毯
普通地毯
普通地毯
600×600白色抛光砖
普通地毯
普通地毯
普通地毯
普通地毯
普通地毯
普通地毯
普通地毯
高级地毯
高级地毯
高级地毯

24850
1200   8400   8400   8050   1100
4000   5150
4969
8400
38560
8400
8400
8400
8400
1100

高级地毯
高级地毯
波斯灰大理石
高级地毯
波斯灰大理石
普通地毯
波斯灰大理石
普通地毯
普通地毯
波斯灰大理石
普通地毯
600×600防滑地砖

1100
8400
33600
8400
8400
1000

8400   8400   8050   1000
24850

高级地毯   波斯灰大理石   普通地毯

地面布置图

3.4 服务台设计方案

服务台 1

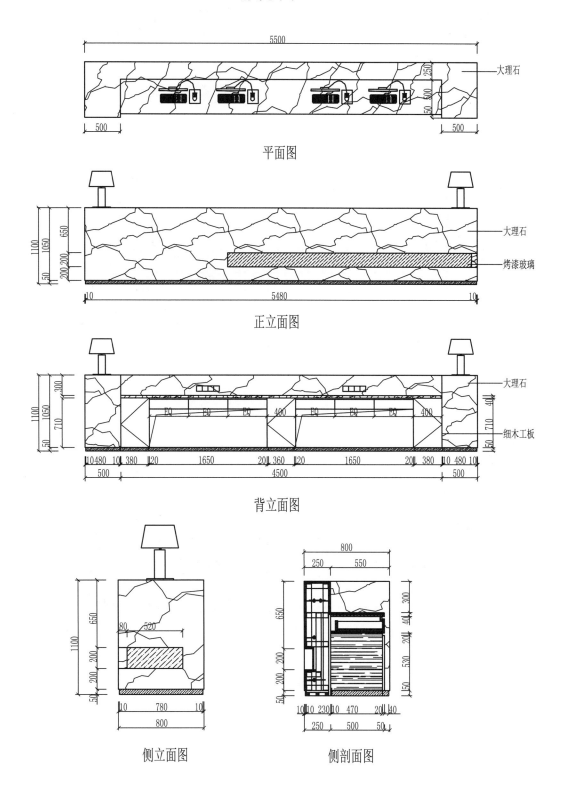

平面图

正立面图

背立面图

侧立面图　　　侧剖面图

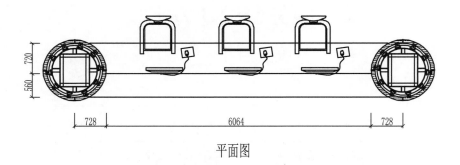

平面图

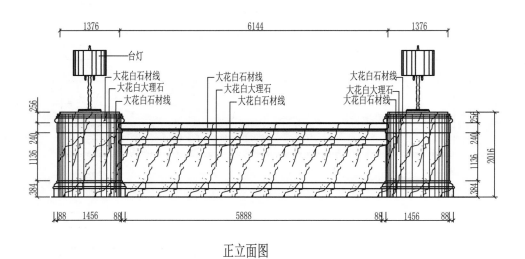

正立面图

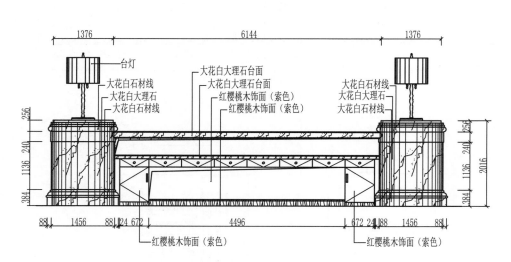

背立面图

服务台 3

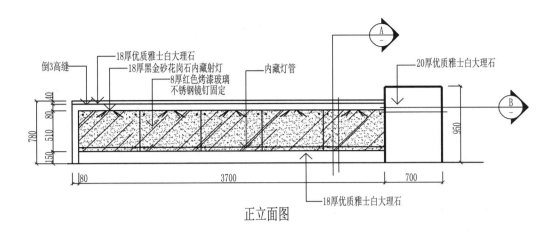

倒3高缝
18厚优质雅士白大理石
18厚黑金砂花岗石内藏射灯
8厚红色烤漆玻璃
不锈钢镜钉固定
内藏灯管
20厚优质雅士白大理石

40
80
780
510
150

80
3700
700
950

18厚优质雅士白大理石

正立面图

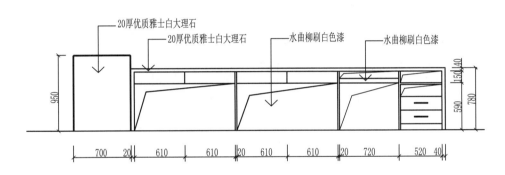

20厚优质雅士白大理石
20厚优质雅士白大理石
水曲柳刷白色漆
水曲柳刷白色漆

950

150 40
780
590

700 20 610 610 20 610 610 20 720 520 40

背立面图

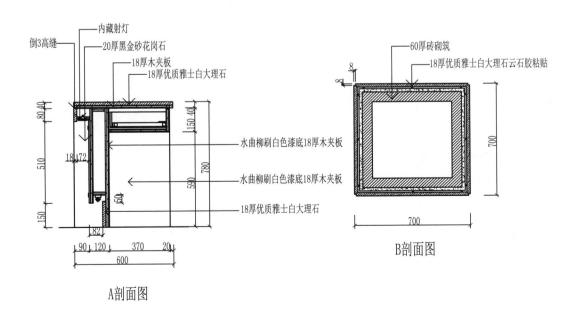

倒3高缝
内藏射灯
20厚黑金砂花岗石
18厚木夹板
18厚优质雅士白大理石

80 40
18 72
510
150
82

水曲柳刷白色漆底18厚夹板
水曲柳刷白色漆底18厚夹板
18厚优质雅士白大理石

150 40
780
590

90 120 370 20
600

A剖面图

60厚砖砌筑
18厚优质雅士白大理石云石胶粘贴

8
700

700

B剖面图

服务台 4

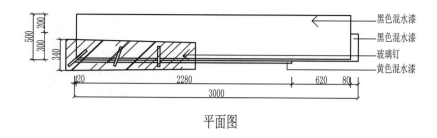

黑色混水漆
黑色混水漆
玻璃钉
黄色混水漆

平面图

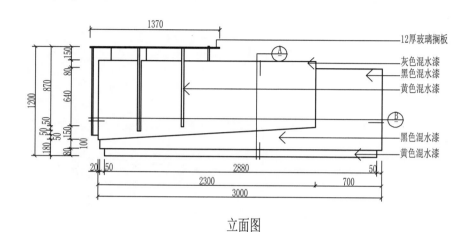

12厚玻璃搁板
灰色混水漆
黑色混水漆
黄色混水漆

黑色混水漆
黄色混水漆

立面图

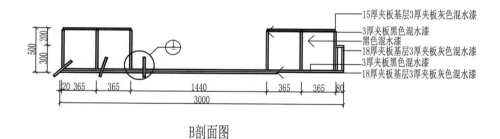

15厚夹板基层3厚夹板灰色混水漆
3厚夹板黑色混水漆
黑色混水漆
18厚夹板基层3厚夹板灰色混水漆
3厚夹板黑色混水漆
18厚夹板基层3厚夹板灰色混水漆

B剖面图

18厚夹板基层3厚夹板灰色混水漆
18厚夹板基层3厚夹板灰色混水漆
18厚夹板基层3厚夹板灰色混水漆
实木线条黑色混水漆
15厚夹板基层3厚夹板黑色混水漆
18厚夹板基层3厚夹板灰色混水漆
黑色混水漆
实木线条收口灰色混水漆
3厚夹板黑色混水漆
18厚夹板基层3厚夹板灰色混水漆
18厚夹板基层3厚夹板灰色混水漆

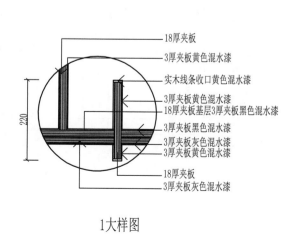

18厚夹板
3厚夹板黄色混水漆
实木线条收口黄色混水漆
3厚夹板黄色混水漆
18厚夹板基层3厚夹板黑色混水漆
3厚夹板黑色混水漆
3厚夹板灰色混水漆
3厚夹板黄色混水漆
18厚夹板
3厚夹板灰色混水漆

1大样图

A剖面图

服务台 5

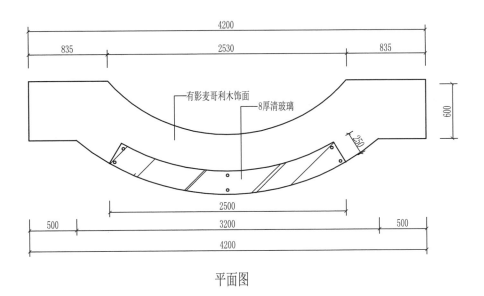

4200
835　　2530　　835
有影麦哥利木饰面
8厚清玻璃
600
250
2500
500　　3200　　500
4200

平面图

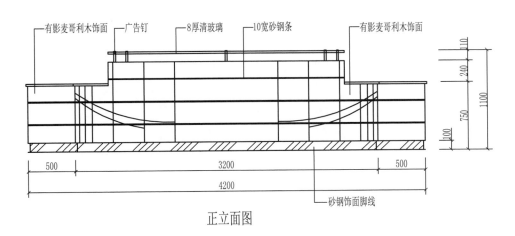

有影麦哥利木饰面　广告钉　8厚清玻璃　10宽砂钢条　有影麦哥利木饰面
110
240
1100
750
100
500　　3200　　500
4200
砂钢饰面脚线

正立面图

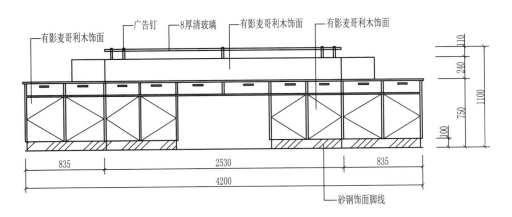

有影麦哥利木饰面　广告钉　8厚清玻璃　有影麦哥利木饰面　有影麦哥利木饰面
110
240
1100
750
100
835　　2530　　835
4200
砂钢饰面脚线

背立面图

服务台 6

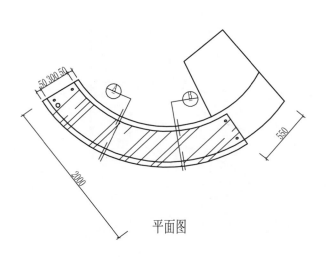

平面图

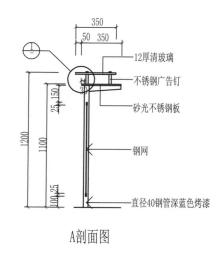

A剖面图

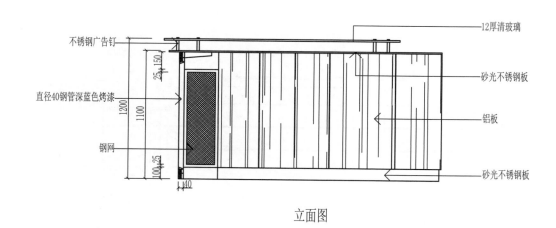

立面图

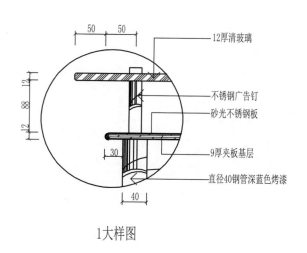

1大样图

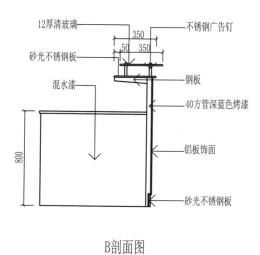

B剖面图

服务台 7

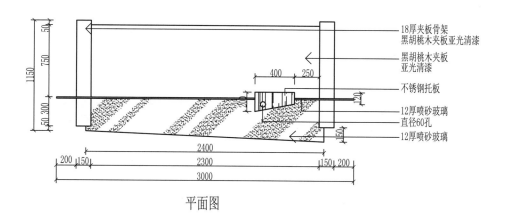

18厚夹板骨架
黑胡桃木夹板亚光清漆

黑胡桃木夹板
亚光清漆

不锈钢托板

12厚喷砂玻璃

直径60孔

12厚喷砂玻璃

50
750
1150
400 250
2400
200 150 2300 150 200
3000
50 300

平面图

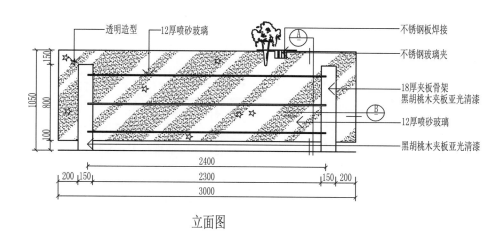

透明造型　12厚喷砂玻璃

不锈钢板焊接

不锈钢玻璃夹

18厚夹板骨架
黑胡桃木夹板亚光清漆

12厚喷砂玻璃

黑胡桃木夹板亚光清漆

150
800
1050
100
2400
200 150 2300 150 200
3000

立面图

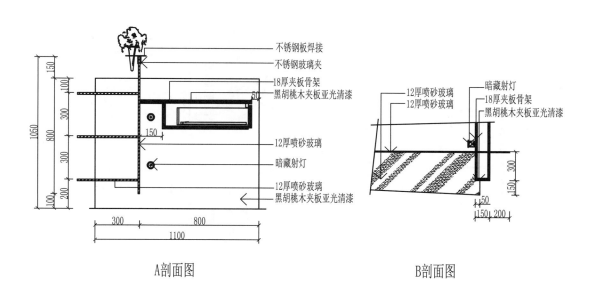

不锈钢板焊接

不锈钢玻璃夹

18厚夹板骨架
黑胡桃木夹板亚光清漆

12厚喷砂玻璃

暗藏射灯

12厚喷砂玻璃
黑胡桃木夹板亚光清漆

150
100
300
800
300
100
1050
200
150
300 800
1100

A剖面图

12厚喷砂玻璃
12厚喷砂玻璃

暗藏射灯

18厚夹板骨架
黑胡桃木夹板亚光清漆

150 300
50
150 200

B剖面图

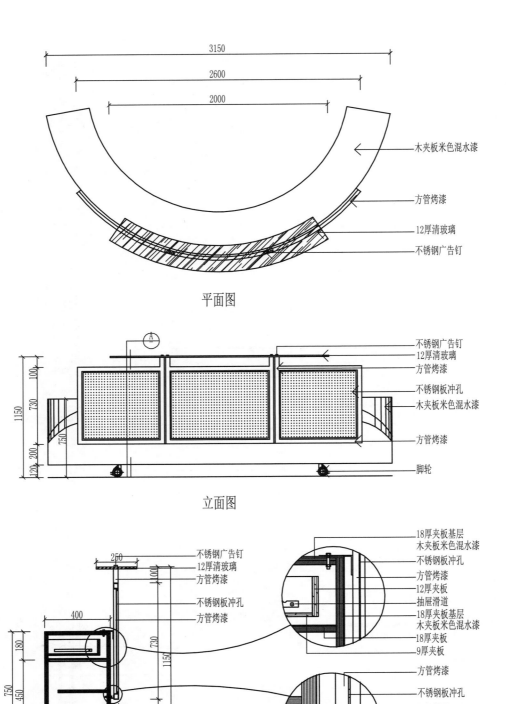

平面图

木夹板米色混水漆

方管烤漆

12厚清玻璃

不锈钢广告钉

立面图

不锈钢广告钉
12厚清玻璃
方管烤漆
不锈钢板冲孔
木夹板米色混水漆
方管烤漆
脚轮

A剖面图

不锈钢广告钉
12厚清玻璃
方管烤漆
不锈钢板冲孔
方管烤漆
18厚夹板基层
木夹板米色混水漆
脚轮

18厚夹板基层
木夹板米色混水漆
不锈钢板冲孔
方管烤漆
12厚夹板
抽屉滑道
18厚夹板基层
木夹板米色混水漆
18厚夹板
9厚夹板

方管烤漆
不锈钢板冲孔
方管烤漆
方管烤漆
18厚夹板基层
木夹板米色混水漆

3.5 电梯间设计方案

电梯间 1

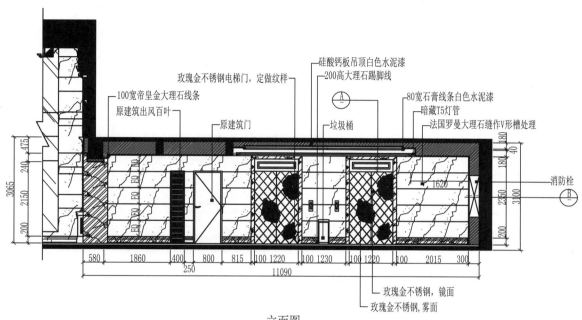

立面图

硅酸钙板吊顶白色水泥漆
200高大理石踢脚线
玫瑰金不锈钢电梯门，定做纹样
100宽帝皇金大理石线条
原建筑出风百叶
原建筑门
垃圾桶
80宽石膏线条白色水泥漆
暗藏T5灯管
法国罗曼大理石缝作V形槽处理
消防栓
玫瑰金不锈钢，镜面
玫瑰金不锈钢，雾面

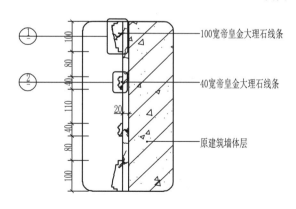

A剖面图

100宽帝皇金大理石线条
40宽帝皇金大理石线条
原建筑墙体层

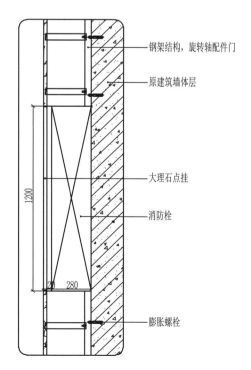

B剖面图

钢架结构，旋转轴配件门
原建筑墙体层
大理石点挂
消防栓
膨胀螺栓

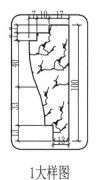

1大样图

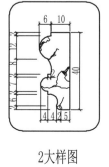

2大样图

电梯间 2

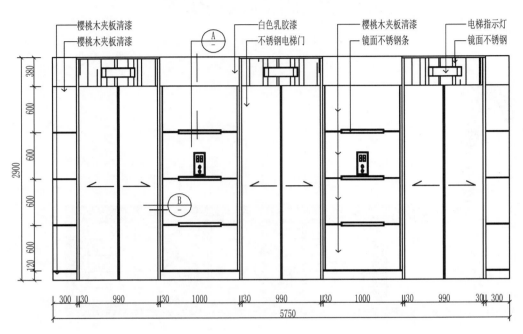

立面图

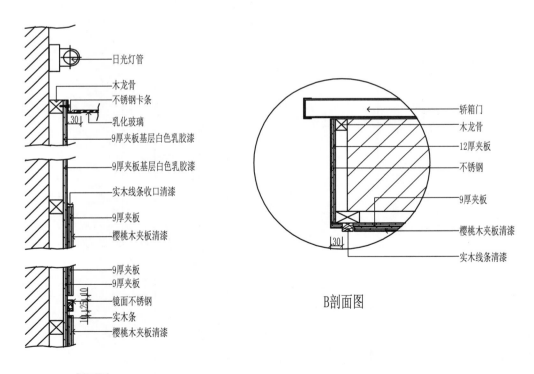

A剖面图

B剖面图

电梯间3

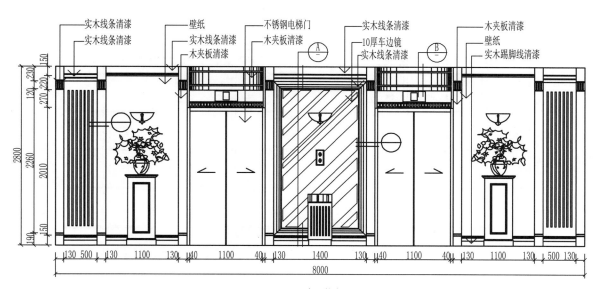

立面图

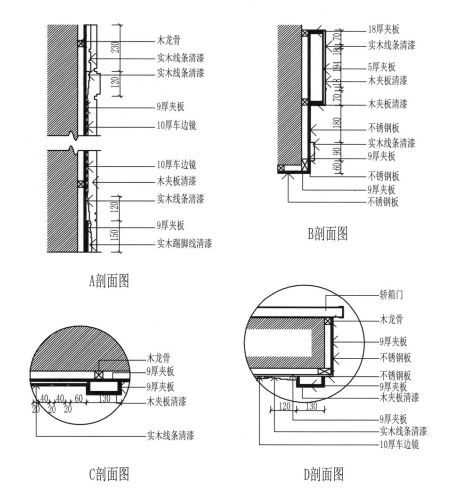

A剖面图

B剖面图

C剖面图

D剖面图

电梯间 4

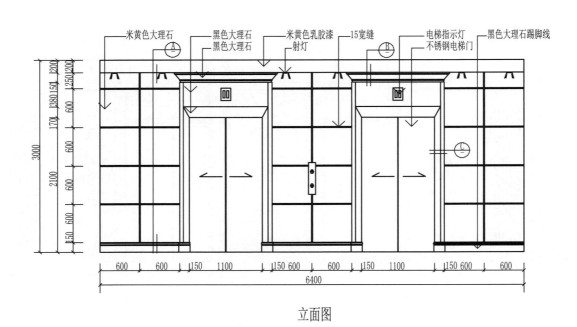

米黄色大理石　黑色大理石　米黄色乳胶漆　15宽缝　　电梯指示灯　黑色大理石踢脚线
黑色大理石　射灯　　　　　　　　　　不锈钢电梯门

立面图

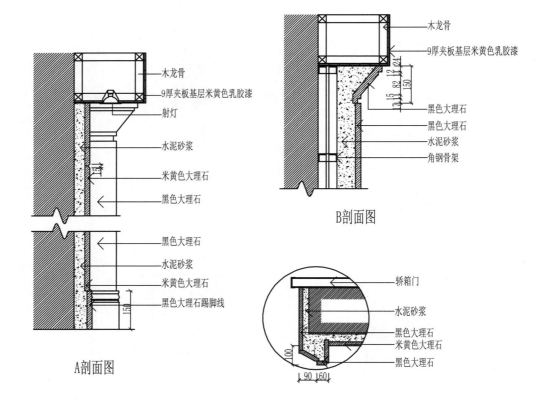

木龙骨
9厚夹板基层米黄色乳胶漆
射灯
水泥砂浆
米黄色大理石
黑色大理石

黑色大理石
水泥砂浆
米黄色大理石
黑色大理石踢脚线

A剖面图

木龙骨
9厚夹板基层米黄色乳胶漆
黑色大理石
黑色大理石
水泥砂浆
角钢骨架

B剖面图

轿箱门
水泥砂浆
黑色大理石
米黄色大理石
黑色大理石

C剖面图

3.6 卫生间设计方案

卫生间 1

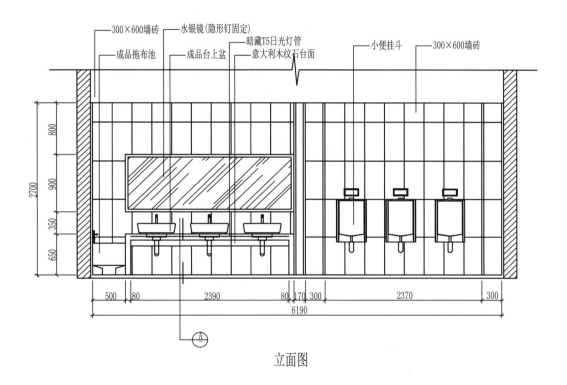

300×600墙砖　水银镜(隐形钉固定)
成品拖布池　　成品台上盆
暗藏T5日光灯管
意大利木纹石台面
小便挂斗　　300×600墙砖

2700
800
900
350
650

500　80　2390　80　170　300　2370　300
6190

A

立面图

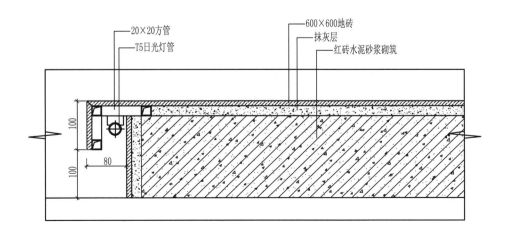

20×20方管
T5日光灯管
600×600地砖
抹灰层
红砖水泥砂浆砌筑

100
100
80

A剖面图

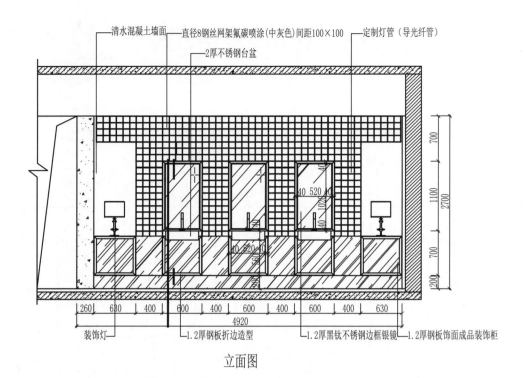

立面图

A剖面图

卫生间 3

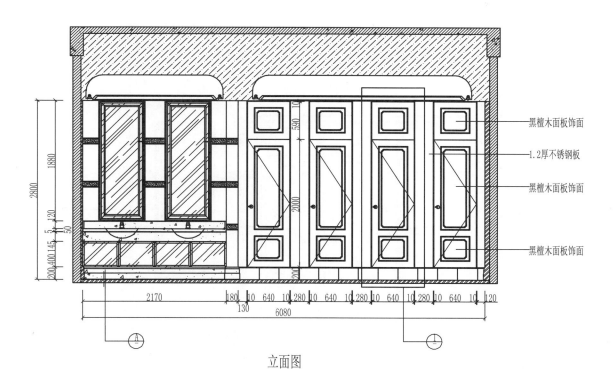

黑檀木面板饰面

1.2厚不锈钢板

黑檀木面板饰面

黑檀木面板饰面

立面图

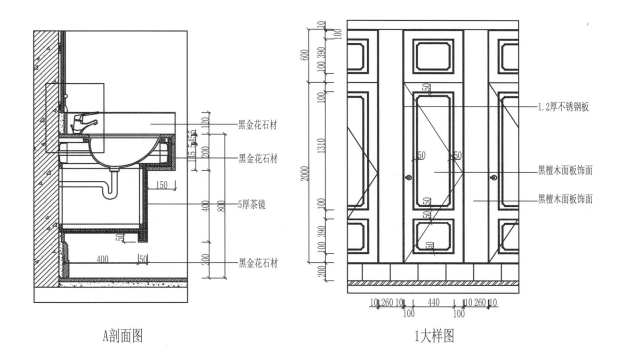

黑金花石材

黑金花石材

5厚茶镜

黑金花石材

A剖面图

1.2厚不锈钢板

黑檀木面板饰面

黑檀木面板饰面

1大样图

卫生间 4

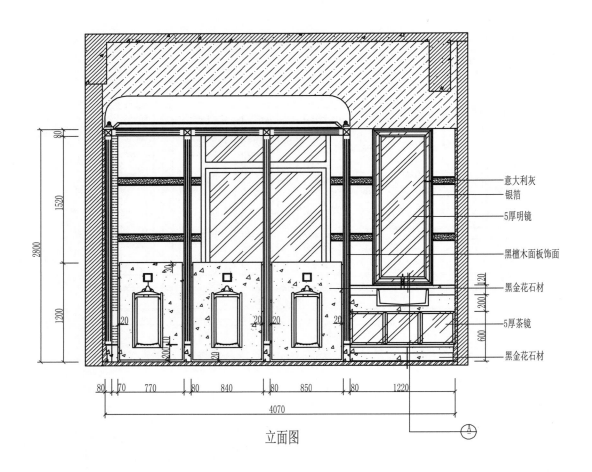

意大利灰

银箔

5厚明镜

黑檀木面板饰面

黑金花石材

5厚茶镜

黑金花石材

立面图

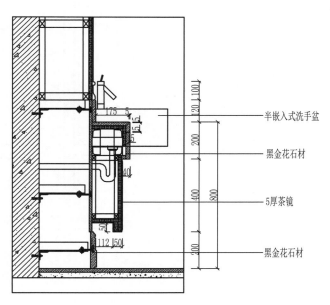

半嵌入式洗手盆

黑金花石材

5厚茶镜

黑金花石材

A剖面图

3.7　家具设计方案

家具 1

沙发组立面图1

沙发组立面图2

沙发组立面图3

沙发组立面图4

沙发组立面图5

沙发组立面图6

沙发组立面图7

沙发组立面图8

沙发组立面图9

沙发组立面图10

沙发组立面图11

沙发组立面图12

沙发立面图1

沙发立面图2

沙发立面图3

沙发立面图4

沙发立面图5

沙发立面图6

沙发立面图7

沙发立面图8

沙发立面图9

沙发立面图10

沙发立面图11

沙发立面图12

沙发立面图13

沙发立面图14

沙发立面图15

沙发立面图16

沙发立面图17

沙发立面图18

沙发立面图19

沙发立面图20

家具 3

桌椅立面图1

桌椅立面图2

桌椅立面图3

桌椅立面图4

桌椅立面图5

桌椅立面图6

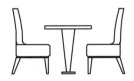

桌椅立面图7

桌椅立面图8

桌椅立面图9

桌椅立面图10

桌椅立面图11

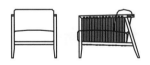

桌椅立面图12

桌椅立面图13

桌椅立面图14

桌椅立面图15

装饰柜立面图1　　　　　　　　　　装饰柜立面图2

装饰柜立面图3　　装饰柜立面图4　　装饰柜立面图5　　装饰柜立面图6

装饰柜立面图7　装饰柜立面图8　装饰柜立面图9　装饰柜立面图10　装饰柜立面图11

装饰柜立面图12　装饰柜立面图13　装饰柜立面图14　装饰柜立面图15　装饰柜立面图16

第4章

4.1 墙面设计方案

墙面 1

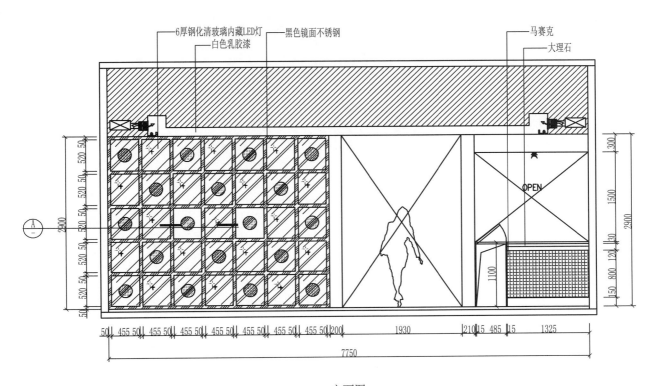

6厚钢化清玻璃内藏LED灯   黑色镜面不锈钢   马赛克
白色乳胶漆   大理石

OPEN

立面图

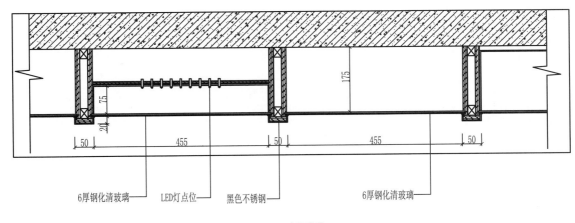

6厚钢化清玻璃   LED灯点位   黑色不锈钢   6厚钢化清玻璃

A剖面图

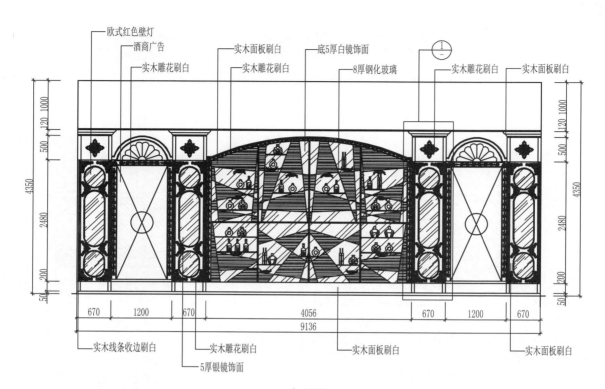

欧式红色壁灯
酒商广告
实木雕花刷白
实木面板刷白
实木雕花刷白
底5厚白镜饰面
8厚钢化玻璃
实木雕花刷白
实木面板刷白

实木线条收边刷白
实木雕花刷白
5厚银镜饰面
实木面板刷白
实木面板刷白

立面图

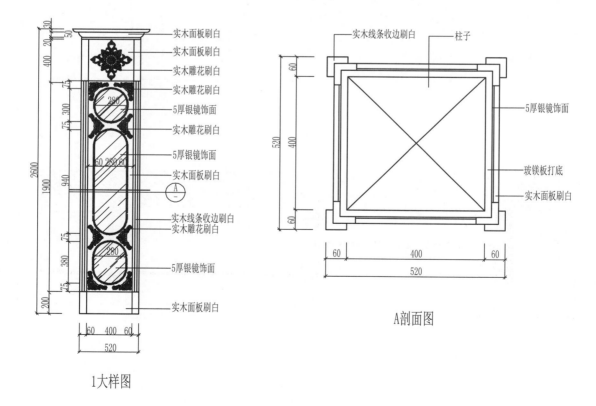

实木面板刷白
实木面板刷白
实木雕花刷白
实木雕花刷白
5厚银镜饰面
实木雕花刷白
5厚银镜饰面
实木面板刷白
实木线条收边刷白
实木雕花刷白
5厚银镜饰面
实木面板刷白

1大样图

实木线条收边刷白
柱子
5厚银镜饰面
玻镁板打底
实木面板刷白

A剖面图

墙面 3

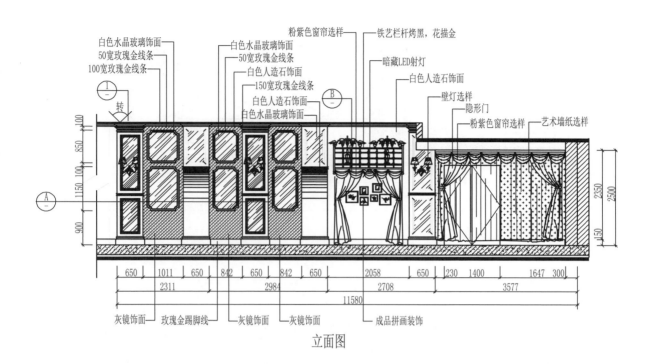

白色水晶玻璃饰面
50宽玫瑰金线条
100宽玫瑰金线条

白色水晶玻璃饰面
50宽玫瑰金线条
白色人造石饰面
150宽玫瑰金线条
白色人造石饰面
白色水晶玻璃饰面

粉紫色窗帘选样
铁艺栏杆烤黑,花描金
暗藏LED射灯
白色人造石饰面
壁灯选样
隐形门
粉紫色窗帘选样
艺术墙纸选样

转

650 | 1011 | 650 | 842 | 650 | 842 | 650 | 2058 | 650 | 230 | 1400 | 1647 | 300
2311 | 2984 | 2708 | 3577
11580

灰镜饰面   玫瑰金踢脚线   灰镜饰面   灰镜饰面   成品拼画装饰

立面图

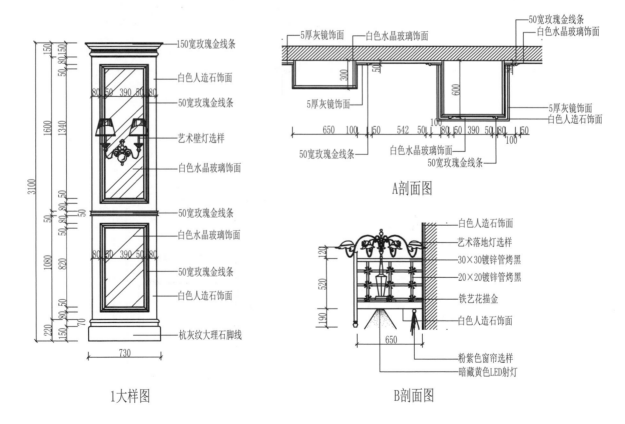

150宽玫瑰金线条
白色人造石饰面
50宽玫瑰金线条
艺术壁灯选样
白色水晶玻璃饰面
50宽玫瑰金线条
白色水晶玻璃饰面
50宽玫瑰金线条
白色人造石饰面
杭灰纹大理石脚线

730

1大样图

5厚灰镜饰面
白色水晶玻璃饰面
50宽玫瑰金线条
白色水晶玻璃饰面
5厚灰镜饰面
5厚灰镜饰面
白色人造石饰面

650 | 100 | 150 | 542 | 50 | 100 | 80 | 50 | 390 | 50 | 80 | 150
100

50宽玫瑰金线条   白色水晶玻璃饰面   50宽玫瑰金线条

A剖面图

白色人造石饰面
艺术落地灯选样
30×30镀锌管烤黑
20×20镀锌管烤黑
铁艺花描金
白色人造石饰面
粉紫色窗帘选样
暗藏黄色LED射灯

650

B剖面图

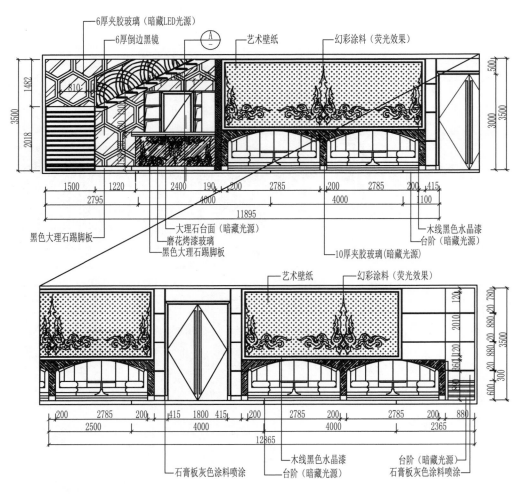

立面图

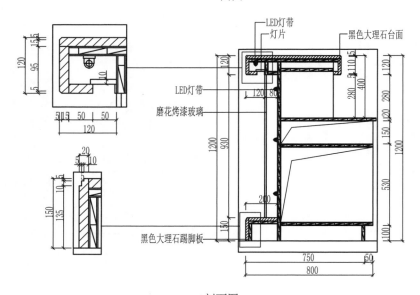

A剖面图

墙面 5

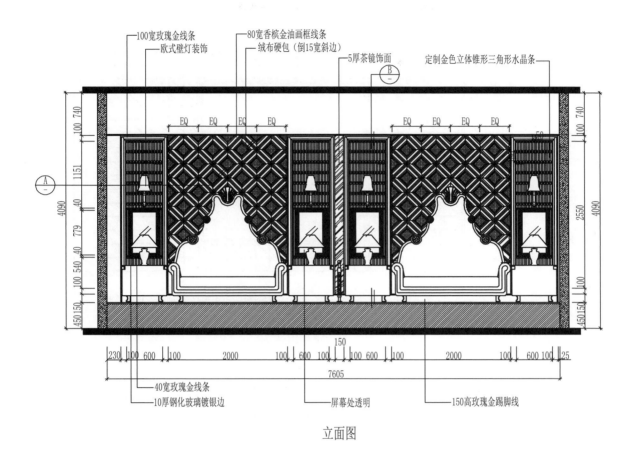

100宽玫瑰金线条
欧式壁灯装饰
80宽香槟金油画框线条
绒布硬包（倒15宽斜边）
5厚茶镜饰面
定制金色立体锥形三角形水晶条

EQ EQ EQ EQ　　EQ EQ EQ EQ

40宽玫瑰金线条
10厚钢化玻璃镀银边
屏幕处透明
150高玫瑰金踢脚线

立面图

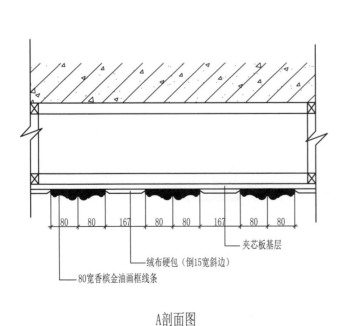

夹芯板基层
绒布硬包（倒15宽斜边）
80宽香槟金油画框线条

A剖面图

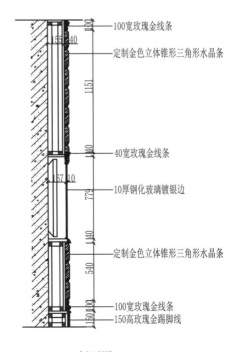

100宽玫瑰金线条
定制金色立体锥形三角形水晶条
40宽玫瑰金线条
10厚钢化玻璃镀银边
定制金色立体锥形三角形水晶条
100宽玫瑰金线条
150高玫瑰金踢脚线

B剖面图

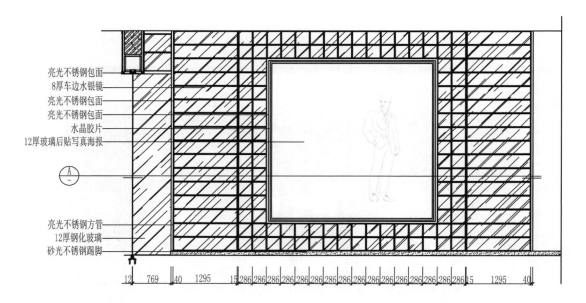

立面图

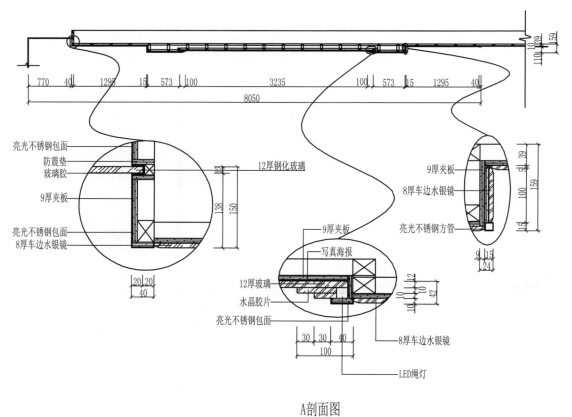

A剖面图

墙面 7

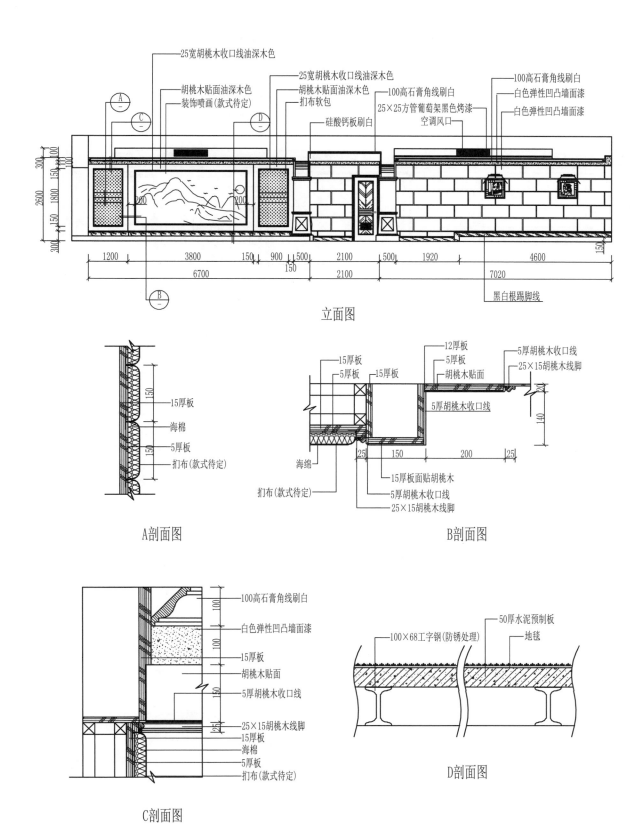

25宽胡桃木收口线油深木色

25宽胡桃木收口线油深木色

胡桃木贴面油深木色
装饰喷画(款式待定)

胡桃木贴面油深木色
扣布软包

100高石膏角线刷白

硅酸钙板刷白

100高石膏角线刷白
25×25方管葡萄架黑色烤漆
空调风口

100高石膏角线刷白
白色弹性凹凸墙面漆

白色弹性凹凸墙面漆

黑白根踢脚线

立面图

15厚板
海棉
5厚板
扣布(款式待定)

A剖面图

15厚板
5厚板
15厚板

12厚板
5厚板
胡桃木贴面

5厚胡桃木收口线
25×15胡桃木线脚

5厚胡桃木收口线

海绵
扣布(款式待定)

15厚板面贴胡桃木
5厚胡桃木收口线
25×15胡桃木线脚

B剖面图

100高石膏角线刷白
白色弹性凹凸墙面漆
15厚板
胡桃木贴面
5厚胡桃木收口线
25×15胡桃木线脚
5厚板
15厚板
海棉
5厚板
扣布(款式待定)

C剖面图

100×68工字钢(防锈处理)

50厚水泥预制板
地毯

D剖面图

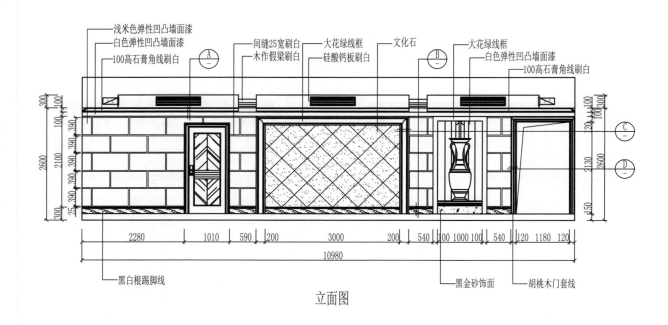

浅米色弹性凹凸墙面漆
白色弹性凹凸墙面漆
100高石膏角线刷白
间缝25宽刷白
木作假梁刷白
大花绿线框
硅酸钙板刷白
文化石
大花绿线框
白色弹性凹凸墙面漆
100高石膏角线刷白

黑白根踢脚线
黑金砂饰面
胡桃木门套线

立面图

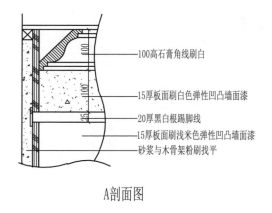

100高石膏角线刷白
15厚板面刷白色弹性凹凸墙面漆
20厚黑白根踢脚线
15厚板面刷浅米色弹性凹凸墙面漆
砂浆与木骨架粉刷找平

A剖面图

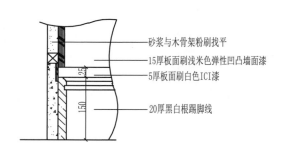

砂浆与木骨架粉刷找平
15厚板面刷浅米色弹性凹凸墙面漆
5厚板面刷白色ICI漆
20厚黑白根踢脚线

B剖面图

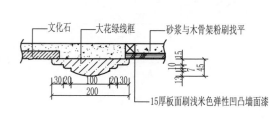

文化石
大花绿线框
砂浆与木骨架粉刷找平
15厚板面刷浅米色弹性凹凸墙面漆

C剖面图

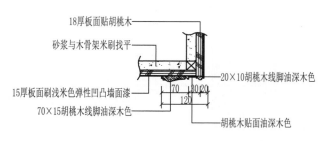

18厚板面贴胡桃木
砂浆与木骨架米刷找平
15厚板面刷浅米色弹性凹凸墙面漆
70×15胡桃木线脚油深木色
20×10胡桃木线脚油深木色
胡桃木贴面油深木色

D剖面图

墙面 9

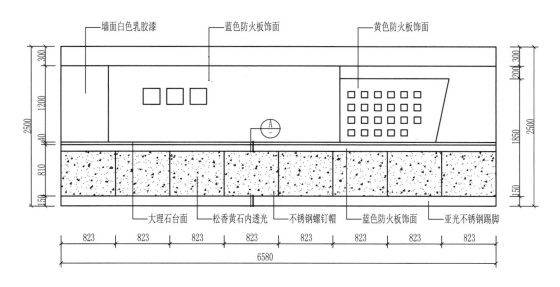

立面图

墙面白色乳胶漆　　蓝色防火板饰面　　黄色防火板饰面

300
1200
2500
810
150

1200 300
2500
1850
150

大理石台面　松香黄石内透光　不锈钢螺钉帽　蓝色防火板饰面　亚光不锈钢踢脚

823　823　823　823　823　823　823　823

6580

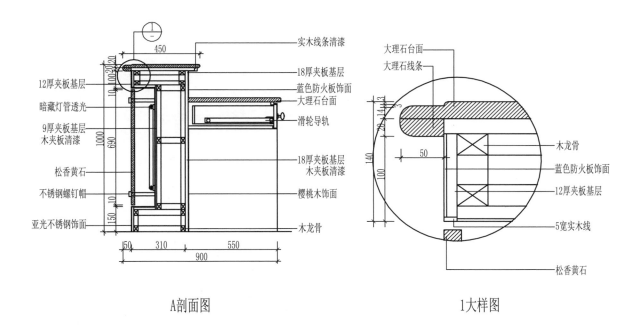

A剖面图　　　　　　　　　　　　　1大样图

实木线条清漆

18厚夹板基层
蓝色防火板饰面
大理石台面
滑轮导轨
18厚夹板基层
木夹板清漆
樱桃木饰面
木龙骨

450
12厚夹板基层
暗藏灯管透光
9厚夹板基层
木夹板清漆
松香黄石
不锈钢螺钉帽
亚光不锈钢饰面

1000
690
150

150　310　550
900

大理石台面
大理石线条
木龙骨
蓝色防火板饰面
12厚夹板基层
5宽实木线
松香黄石

50
140
100

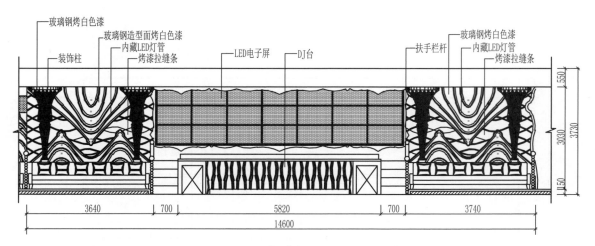

立面图

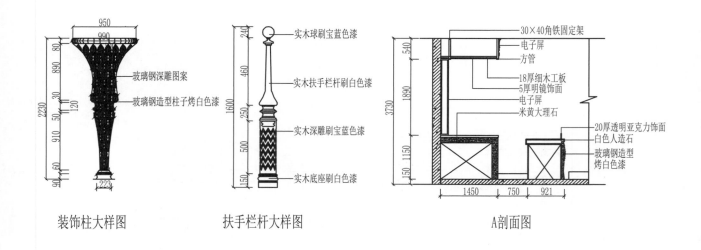

装饰柱大样图　　　　扶手栏杆大样图　　　　A剖面图

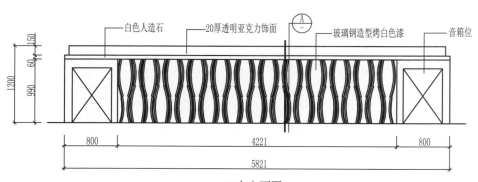

DJ台立面图

墙面 11

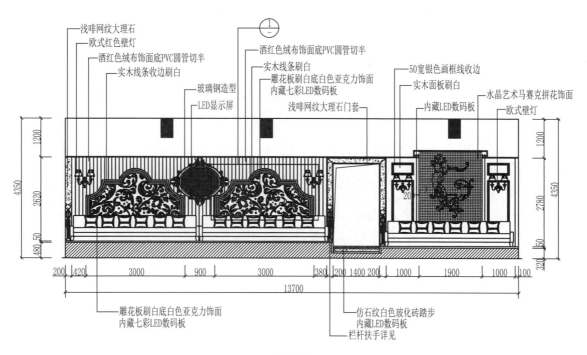

浅啡网纹大理石
欧式红色壁灯
酒红色绒布饰面底PVC圆管切半
实木线条收边刷白
玻璃钢造型
LED显示屏

酒红色绒布饰面底PVC圆管切半
实木线条刷白
雕花板刷白底白色亚克力饰面
内藏七彩LED数码板
浅啡网纹大理石门套

50宽银色画框线收边
实木面板刷白
内藏LED数码板
水晶艺术马赛克拼花饰面
欧式壁灯

雕花板刷白底白色亚克力饰面
内藏七彩LED数码板

仿石纹白色玻化砖踏步
内藏LED数码板
栏杆扶手详见

立面图

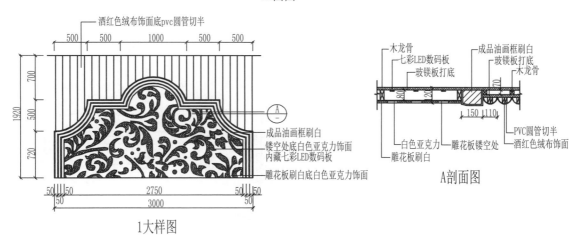

酒红色绒布饰面底pvc圆管切半

成品油画框刷白
镂空处底白色亚克力饰面
内藏七彩LED数码板
雕花板刷白底白色亚克力饰面

1大样图

木龙骨
七彩LED数码板
玻镁板打底
成品油画框刷白
玻镁板打底
木龙骨
白色亚克力
雕花板镂空处
雕花板刷白
PVC圆管切半
酒红色绒布饰面

A剖面图

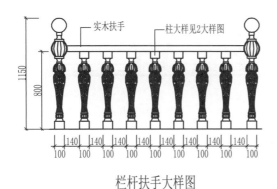

实木扶手
柱大样见2大样图

栏杆扶手大样图

实木扶手刷白
铁艺造型镀亮银色内藏LED灯
水晶柱花纹深雕
铁艺造型镀亮银色内藏LED灯
铁制底座镀亮银色漆

2大样图

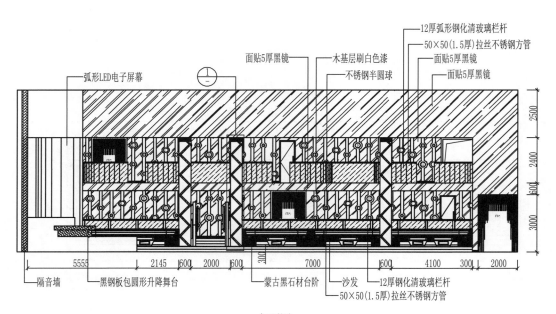

立面图

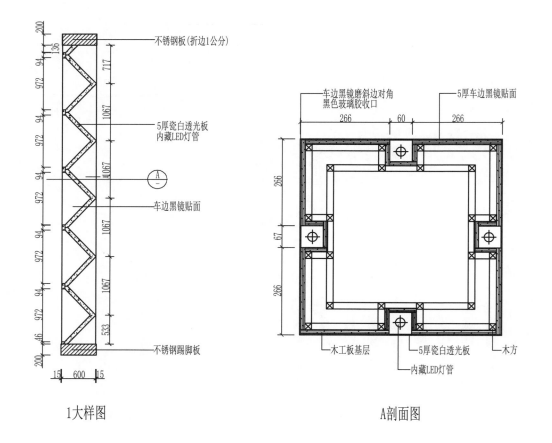

1大样图   A剖面图

墙面 13

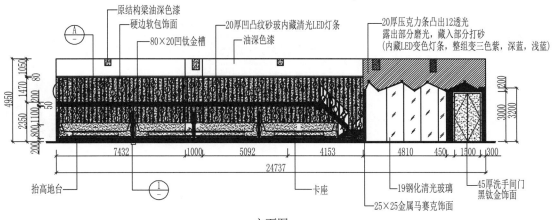

原结构梁油深色漆
硬边软包饰面
80×20凹钛金槽
20厚凹凸纹砂玻内藏清光LED灯条
油深色漆
20厚压克力条凸出12透光
露出部分磨光，藏入部分打砂
(内藏LED变色灯条，整组变三色紫，深蓝，浅蓝)

抬高地台
卡座
19钢化清光玻璃
25×25金属马赛克饰面
45厚洗手间门
黑钛金饰面

立面图

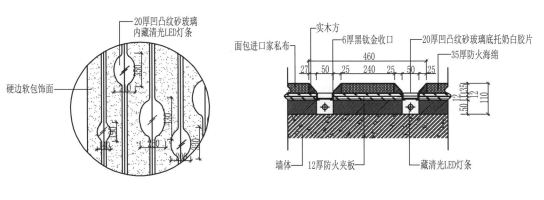

20厚凹凸纹砂玻璃
内藏清光LED灯条

硬边软包饰面

1大样图

实木方
面包进口家私布
6厚黑钛金收口
20厚凹凸纹砂玻璃底托奶白胶片
35厚防火海绵
墙体
12厚防火夹板
藏清光LED灯条

A剖面图

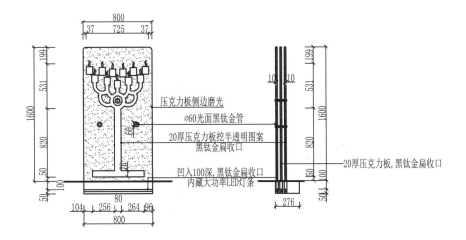

压克力板侧边磨光
∅60光面黑钛金管
20厚压克力板挖半透明图案
黑钛金扁收口
凹入100深，黑钛金扁收口
内藏大功率LED灯条

20厚压克力板，黑钛金扁收口

1大样图

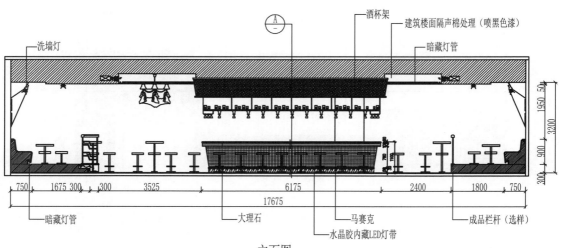

洗墙灯

酒杯架

建筑楼面隔声棉处理（喷黑色漆）

暗藏灯管

1950 50

3200

900

300

750 1675 300 300 3525 6175 2400 1800 750

17675

暗藏灯管

大理石

马赛克

成品栏杆（选样）

水晶胶内藏LED灯带

立面图

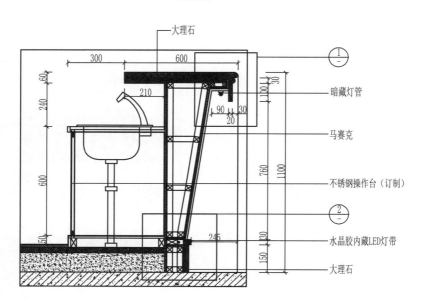

大理石

300 600

60

240

210

600

90 30
20

暗藏灯管

马赛克

不锈钢操作台（订制）

水晶胶内藏LED灯带

大理石

1100 30

760 1100

245

150 130

A剖面图

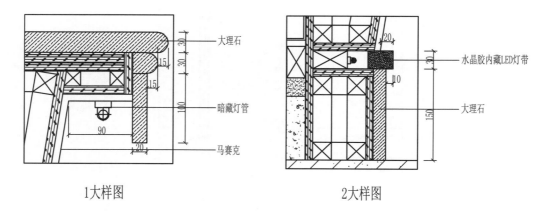

大理石

30 30

15

15

暗藏灯管

90

20

马赛克

100

1大样图

水晶胶内藏LED灯带

大理石

20

30

10

150

2大样图

墙面 15

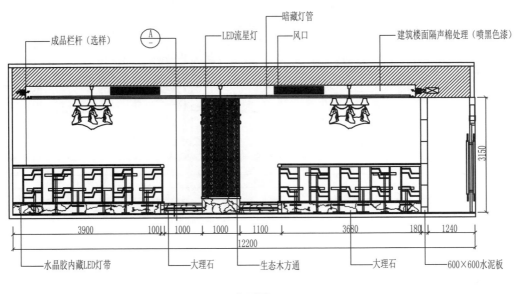

立面图

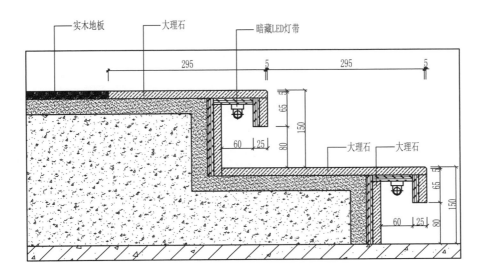

A剖面图

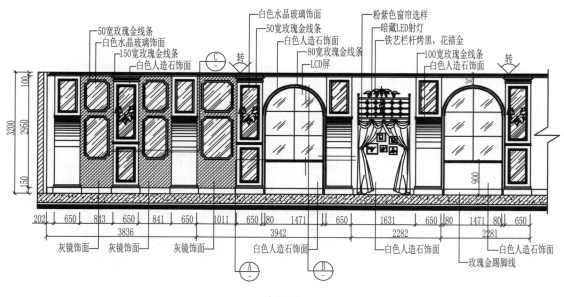

立面图

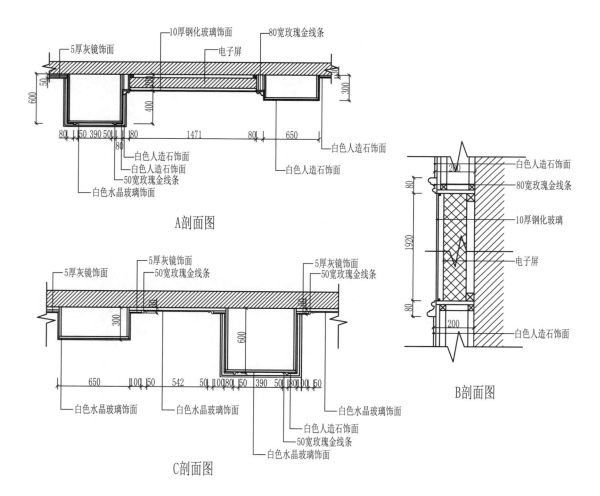

A剖面图

C剖面图

B剖面图

墙面 17

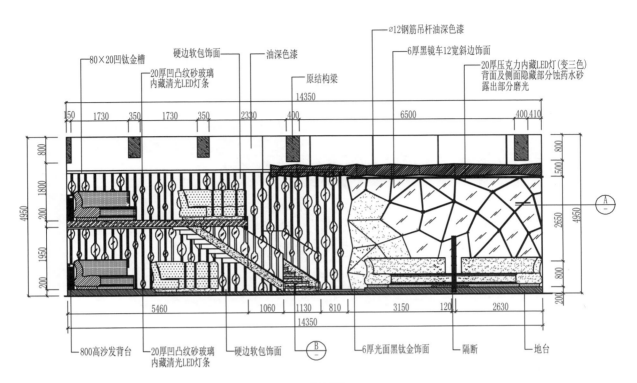

80×20凹钛金槽
硬边软包饰面
20厚凹凸纹砂玻璃 内藏清光LED灯条
油深色漆
∅12钢筋吊杆油深色漆
6厚黑镜车12宽斜边饰面
20厚压力克力内藏LED灯(变三色)
背面及侧面隐藏部分蚀药水砂
露出部分磨光
原结构梁

14350
150 1730 350 1730 350 2330 400 6500 400 410

800 1800 200 1950 200
800 1500 2650 800 200
4950
4950

800高沙发背台
20厚凹凸纹砂玻璃 内藏清光LED灯条
硬边软包饰面
6厚光面黑钛金饰面
隔断
地台

5460 1060 1130 810 3150 120 2630
14350

立面图

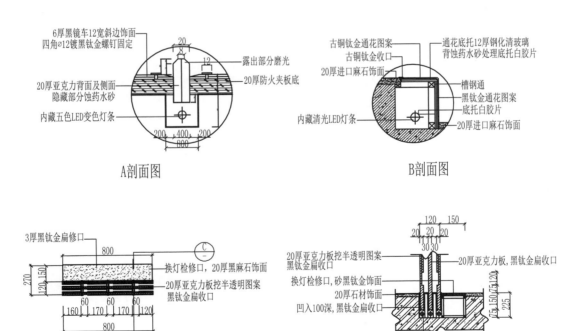

6厚黑镜车12宽斜边饰面 四角∅12镀黑钛金螺钉固定
20厚亚力克背面及侧面 隐藏部分蚀药水砂
内藏五色LED变色灯条
露出部分磨光
20厚防火夹板底
200 400 200
800

A剖面图

古铜钛金通花图案
古铜钛金收口
20厚进口麻石饰面
通花底托12厚钢化清玻璃 背蚀药水砂处理底托白胶片
槽钢通
黑钛金通花图案
底托白胶片
内藏清光LED灯条
20厚进口麻石饰面

B剖面图

3厚黑钛金扁修口
800
换灯检修口,20厚黑麻石饰面
20厚亚力克板挖半透明图案 黑钛金扁收口
270 150 120 150
60 60 60
160 170 170 120
800
∅60光面黑钛金管

隔断平面图

120 150
20 20 20
30 30
20厚亚力克板挖半透明图案 黑钛金扁收口
换灯检修口,砂黑钛金收面
20厚石材饰面
凹入100深,黑钛金扁收口
20厚亚力克板,黑钛金扁收口
75 150 75 120
225
198 216
414
内藏大功率LED灯条

C剖面图

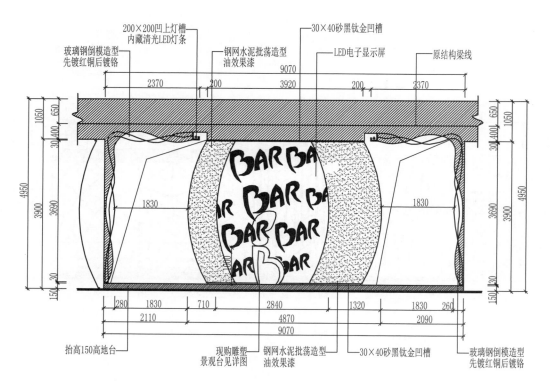

200×200凹上灯槽
内藏清光LED灯条

玻璃钢倒模造型
先镀红铜后镀铬

钢网水泥批荡造型
油效果漆

30×40砂黑钛金凹槽

LED电子显示屏

原结构梁线

立面图

抬高150高地台

现购雕塑
景观台见详图

钢网水泥批荡造型
油效果漆

30×40砂黑钛金凹槽

玻璃钢倒模造型
先镀红铜后镀铬

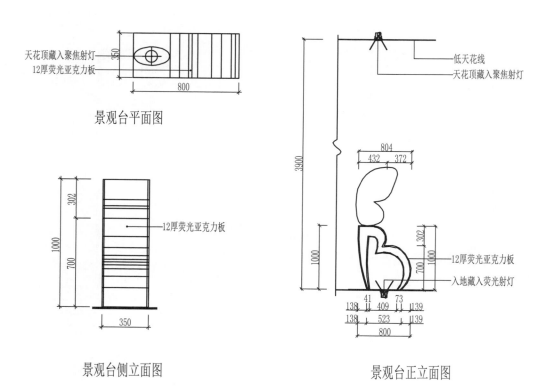

天花顶藏入聚焦射灯

12厚荧光亚克力板

景观台平面图

12厚荧光亚克力板

景观台侧立面图

低天花线

天花顶藏入聚焦射灯

12厚荧光亚克力板

入地藏入荧光射灯

景观台正立面图

墙面 19

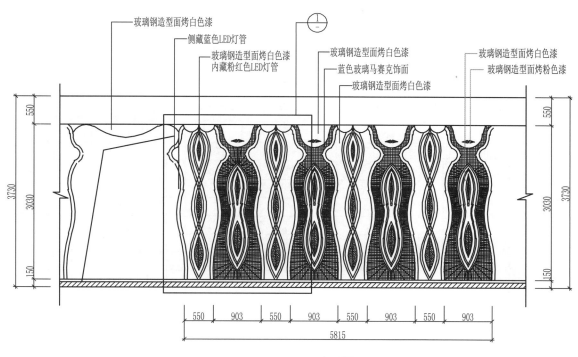

玻璃钢造型面烤白色漆

侧藏蓝色LED灯管

玻璃钢造型面烤白色漆
内藏粉红色LED灯管

玻璃钢造型面烤白色漆

蓝色玻璃马赛克饰面

玻璃钢造型面烤白色漆

玻璃钢造型面烤白色漆

玻璃钢造型面烤粉色漆

550 3030 3730 150

550 903 550 903 550 903 550 903
5815

立面图

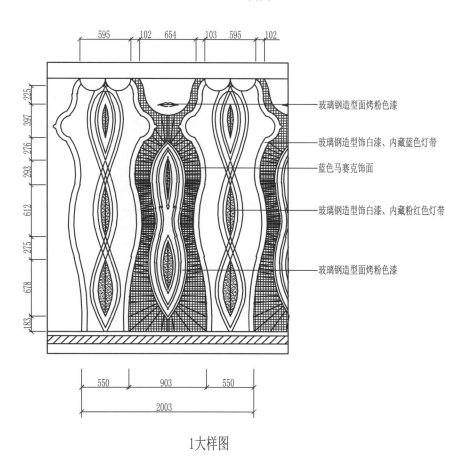

595 102 654 103 595 102

玻璃钢造型面烤粉色漆

玻璃钢造型饰白漆、内藏蓝色灯带

蓝色马赛克饰面

玻璃钢造型饰白漆、内藏粉红色灯带

玻璃钢造型面烤粉色漆

225 397 276 283 612 275 678 183

550 903 550
2003

1大样图

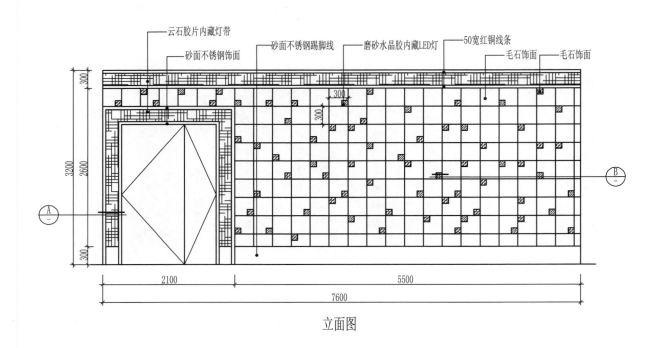

云石胶片内藏灯带　　砂面不锈钢踢脚线　　磨砂水晶胶内藏LED灯　　50宽红铜线条
砂面不锈钢饰面　　　　　　　　　　　　　　　　　毛石饰面　　毛石饰面

300　300　3200　2600　300

2100　　　5500

7600

立面图

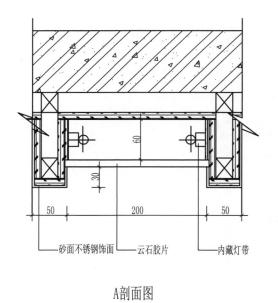

60　30

50　　200　　50

砂面不锈钢饰面　　云石胶片　　内藏灯带

A剖面图

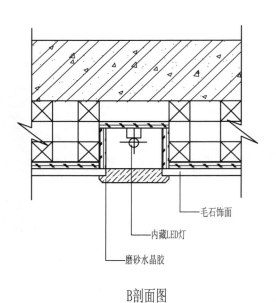

毛石饰面

内藏LED灯

磨砂水晶胶

B剖面图

墙面 21

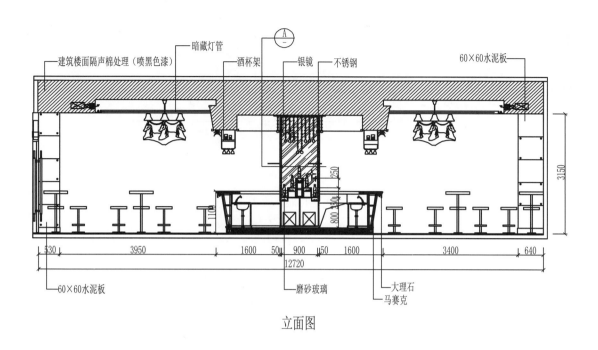

建筑楼面隔声棉处理（喷黑色漆）　暗藏灯管　　酒杯架　　银镜　　不锈钢　　60×60水泥板

3150

530　　3950　　1600　50　900　50　1600　　3400　　640

12720

60×60水泥板　　磨砂玻璃　　大理石　马赛克

立面图

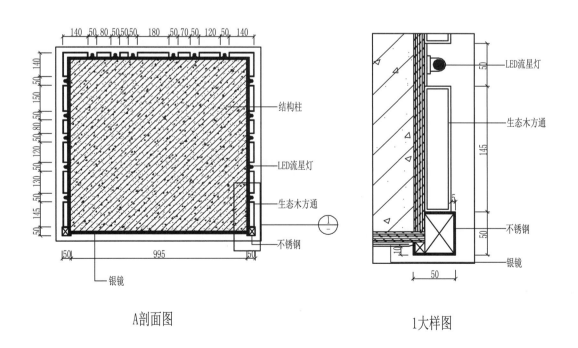

140 50 80 50 50 50　180　50 70 50　120　50　140

结构柱

LED流星灯

生态木方通

不锈钢

银镜

50　995　50

A剖面图

LED流星灯

生态木方通

145

不锈钢

银镜

50

1大样图

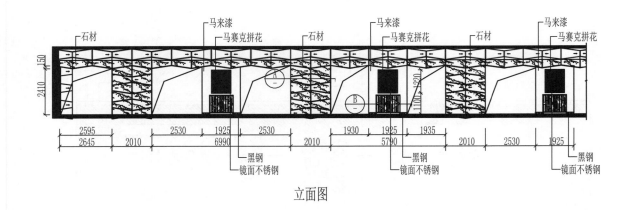

立面图

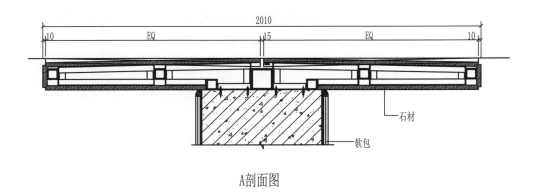

A剖面图

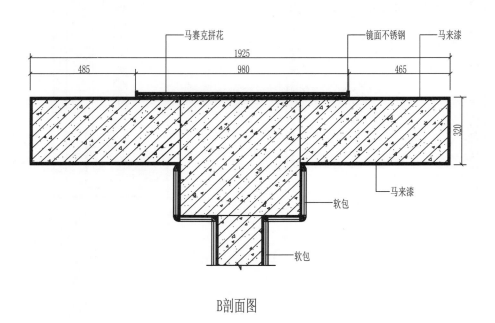

B剖面图

4.2 顶面设计方案

顶面 1

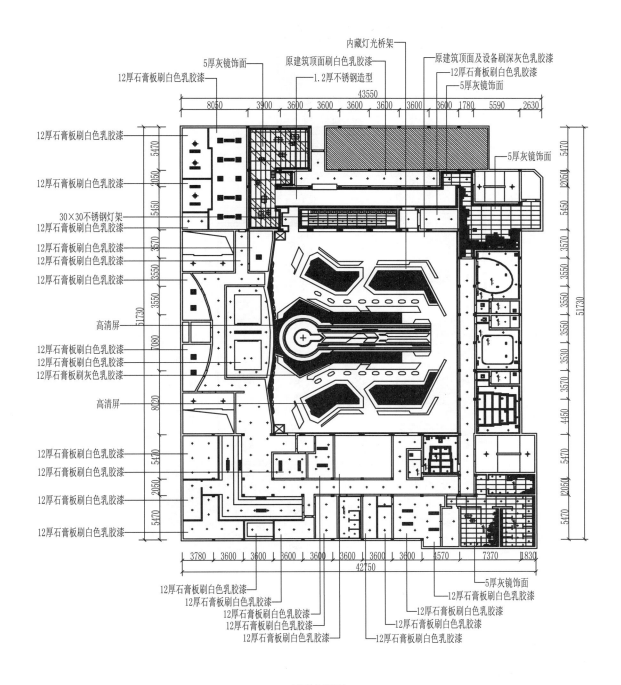

顶面布置图

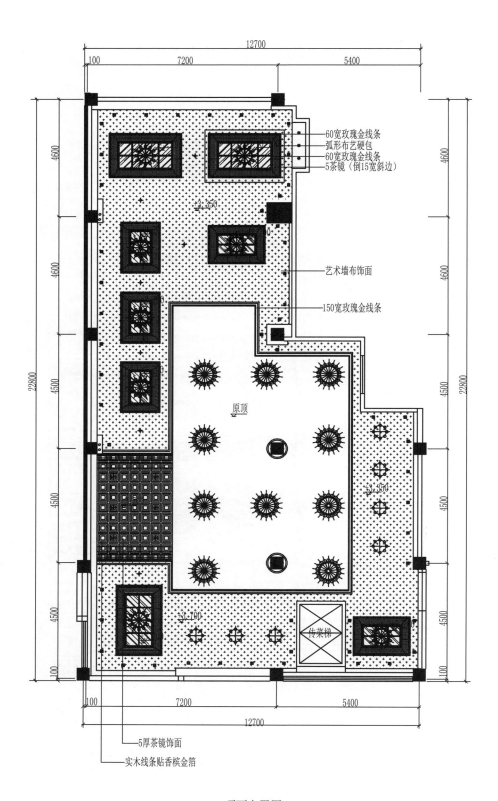

顶面布置图

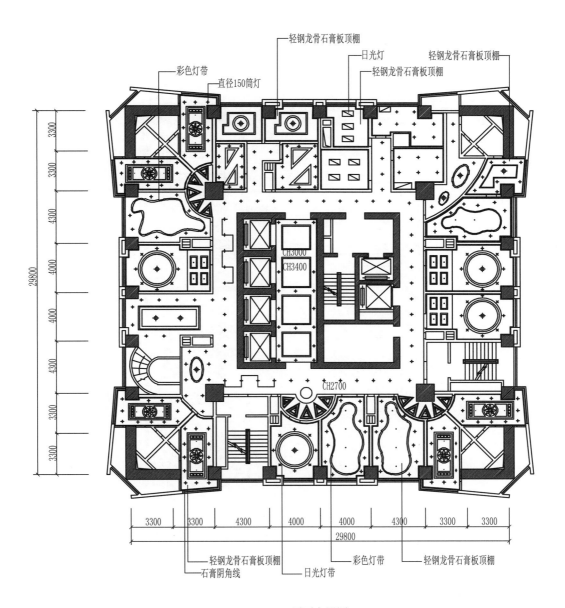

轻钢龙骨石膏板顶棚

彩色灯带

直径150筒灯

日光灯

轻钢龙骨石膏板顶棚

轻钢龙骨石膏板顶棚

轻钢龙骨石膏板顶棚

3300
3300
4300
4000
4000
4300
3300
3300

29800

3300
3300
4300
4000
4000
4300
3300
3300

29800

CH3000
CH3400
CH2700

轻钢龙骨石膏板顶棚
石膏阴角线
日光灯带
彩色灯带
轻钢龙骨石膏板顶棚

顶面布置图

顶面 4

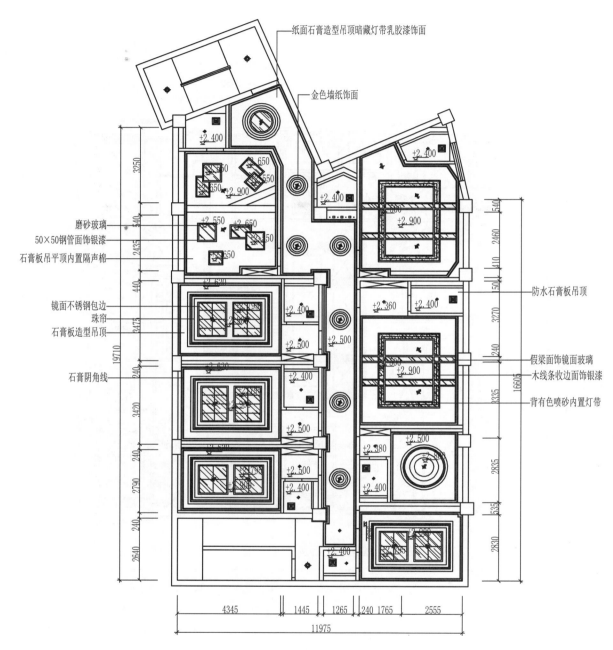

纸面石膏造型吊顶暗藏灯带乳胶漆饰面

金色墙纸饰面

磨砂玻璃

50×50钢管面饰银漆

石膏板吊平顶内置隔声棉

镜面不锈钢包边

珠帘

石膏板造型吊顶

石膏阴角线

防水石膏板吊顶

假梁面饰镜面玻璃

木线条收边面饰银漆

背有色喷砂内置灯带

顶面布置图

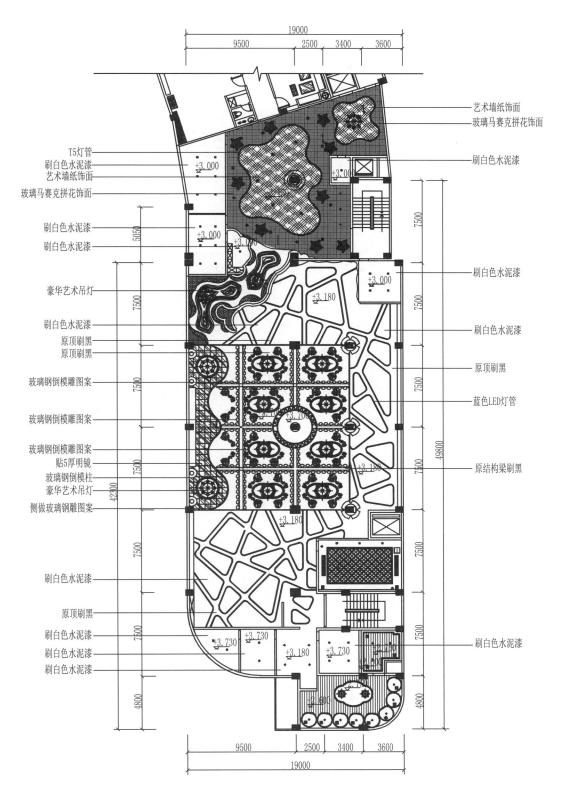

顶面5

艺术墙纸饰面
玻璃马赛克拼花饰面

刷白色水泥漆

T5灯管
刷白色水泥漆
艺术墙纸饰面
玻璃马赛克拼花饰面

刷白色水泥漆
刷白色水泥漆

刷白色水泥漆

豪华艺术吊灯

刷白色水泥漆

刷白色水泥漆

原顶刷黑
原顶刷黑

玻璃钢倒模雕图案

原顶刷黑

玻璃钢倒模雕图案

蓝色LED灯管

玻璃钢倒模雕图案
贴5厚明镜
玻璃钢倒模柱
豪华艺术吊灯
侧做玻璃钢雕图案

原结构梁刷黑

刷白色水泥漆

原顶刷黑
刷白色水泥漆
刷白色水泥漆
刷白色水泥漆

刷白色水泥漆

顶面布置图

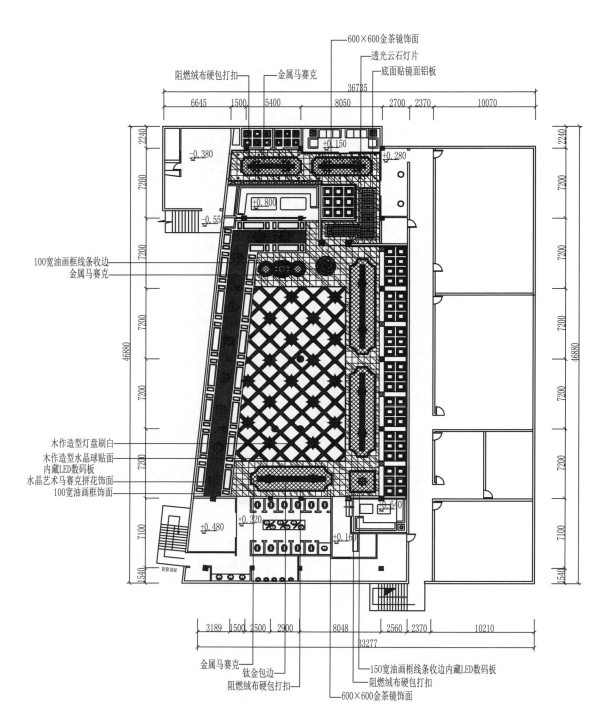

600×600金茶镜饰面
透光云石灯片
底面贴镜面铝板

阻燃绒布硬包打扣　　金属马赛克

100宽油画框线条收边
金属马赛克

木作造型灯盘刷白
木作造型水晶球贴面
内藏LED数码板
水晶艺术马赛克拼花饰面
100宽油画框饰面

金属马赛克
钛金包边
阻燃绒布硬包打扣
600×600金茶镜饰面

150宽油画框线条收边内藏LED数码板
阻燃绒布硬包打扣

顶面布置图

顶面 7

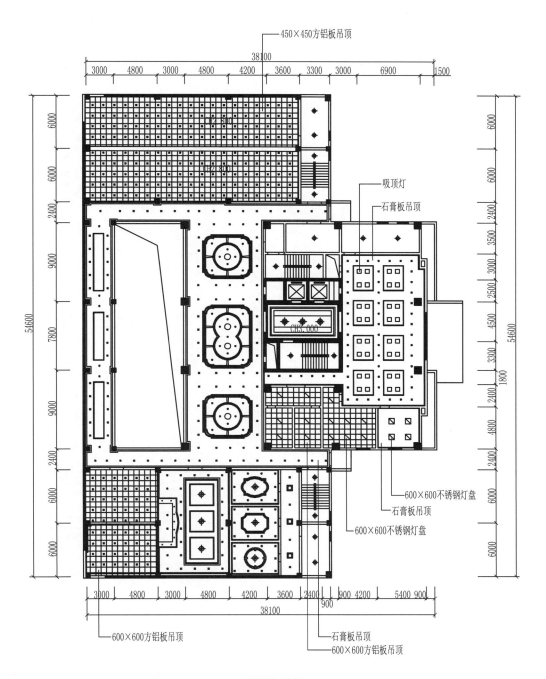

顶面布置图

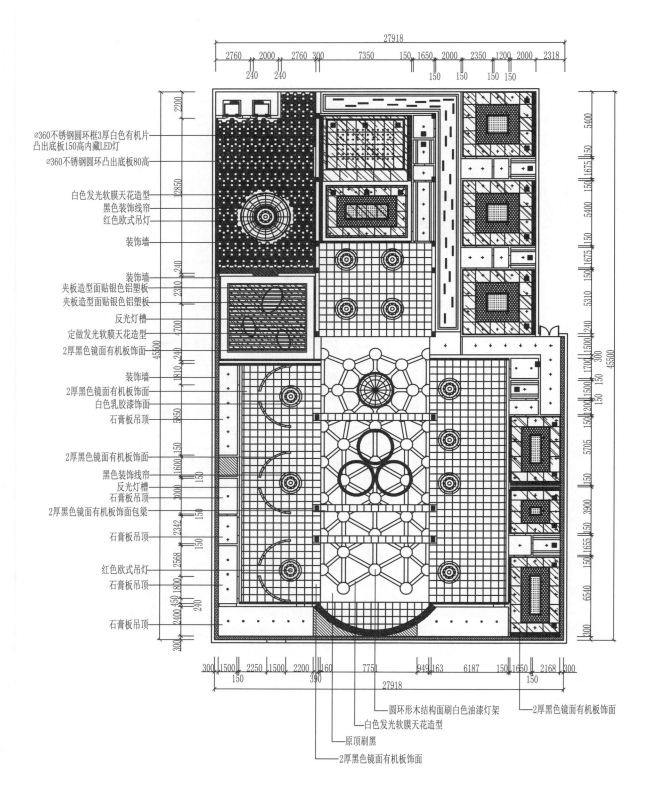

∅360不锈钢圆环框3厚白色有机片
凸出底板150高内藏LED灯
∅360不锈钢圆环凸出底板80高
白色发光软膜天花造型
黑色装饰线帘
红色欧式吊灯
装饰墙
装饰墙
夹板造型面贴银色铝塑板
夹板造型面贴银色铝塑板
反光灯槽
定做发光软膜天花造型
2厚黑色镜面有机板饰面
装饰墙
2厚黑色镜面有机板饰面
白色乳胶漆饰面
石膏板吊顶
2厚黑色镜面有机板饰面
黑色装饰线帘
反光灯槽
石膏板吊顶
2厚黑色镜面有机板饰面包梁
石膏板吊顶
红色欧式吊灯
石膏板吊顶
石膏板吊顶

圆环形木结构面刷白色油漆灯架
白色发光软膜天花造型
原顶刷黑
2厚黑色镜面有机板饰面
2厚黑色镜面有机板饰面

顶面布置图

192

4.3 地面设计方案

地面 1

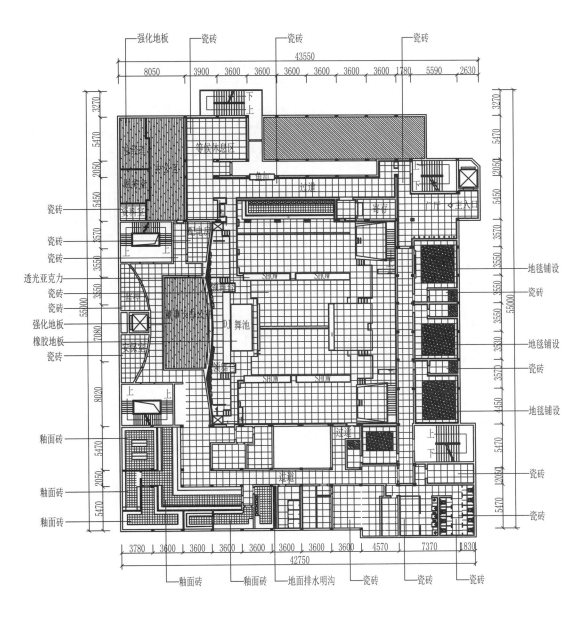

地面布置图

地面 2

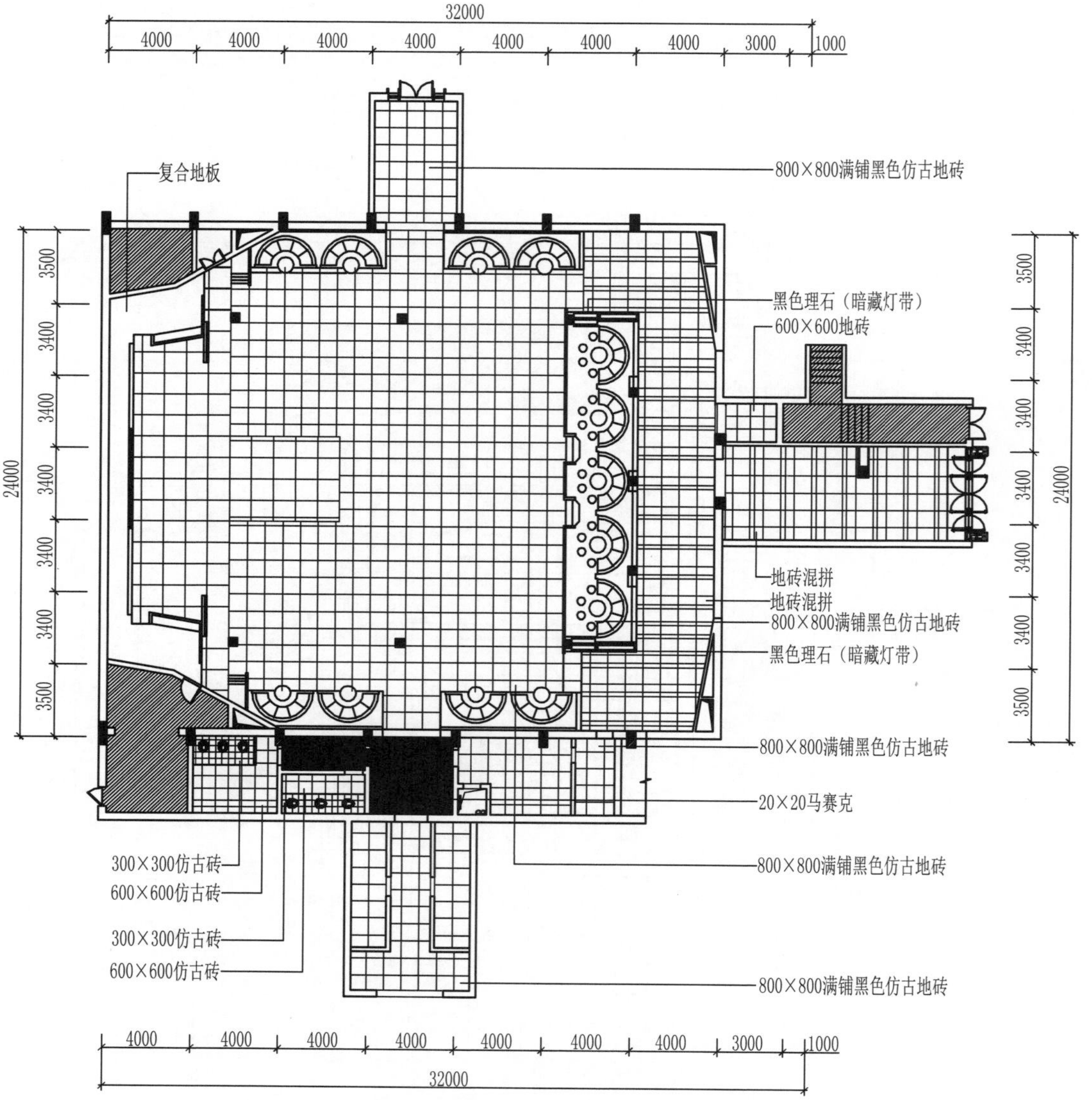
32000
4000
4000
4000
4000
4000
4000
4000
3000
1000
复合地板
800×800满铺黑色仿古地砖
黑色理石（暗藏灯带）
600×600地砖
地砖混拼
地砖混拼
800×800满铺黑色仿古地砖
黑色理石（暗藏灯带）
800×800满铺黑色仿古地砖
20×20马赛克
800×800满铺黑色仿古地砖
800×800满铺黑色仿古地砖
300×300仿古砖
600×600仿古砖
300×300仿古砖
600×600仿古砖
24000
3500
3400
3400
3400
3400
3400
3500

地面布置图

地面 3

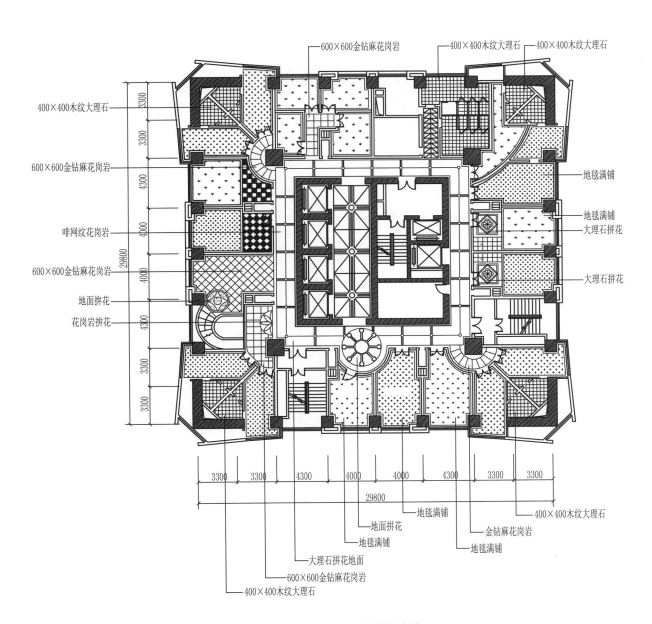

600×600金钻麻花岗岩

400×400木纹大理石   400×400木纹大理石

400×400木纹大理石

600×600金钻麻花岗岩

啡网纹花岗岩

600×600金钻麻花岗岩

地面拼花

花岗岩拼花

3300
3300
4300
4000
4000
4300
3300
3300

29800

地毯满铺

地毯满铺
大理石拼花

大理石拼花

3300 3300 4300 4000 4000 4300 3300 3300

29800

地毯满铺

地面拼花

地毯满铺

大理石拼花地面

600×600金钻麻花岗岩

400×400木纹大理石

金钻麻花岗岩

地毯满铺

400×400木纹大理石

地面布置图

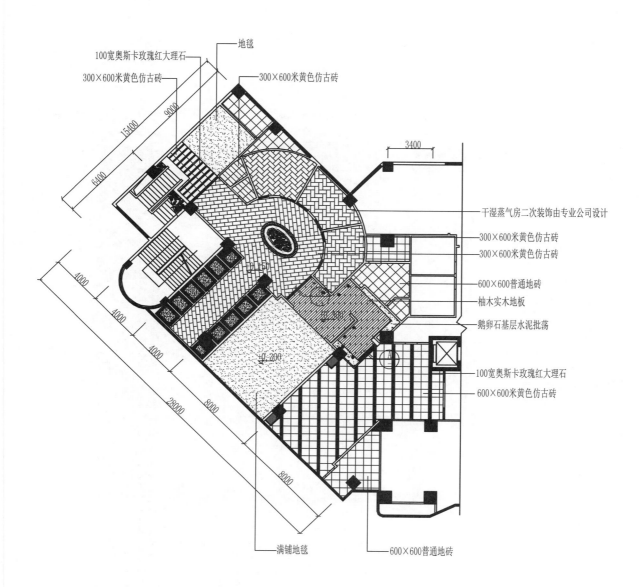

地面布置图

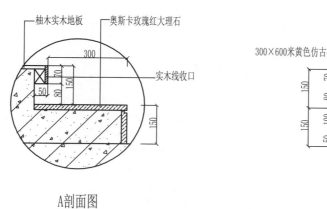

A剖面图

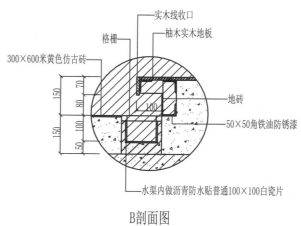

B剖面图

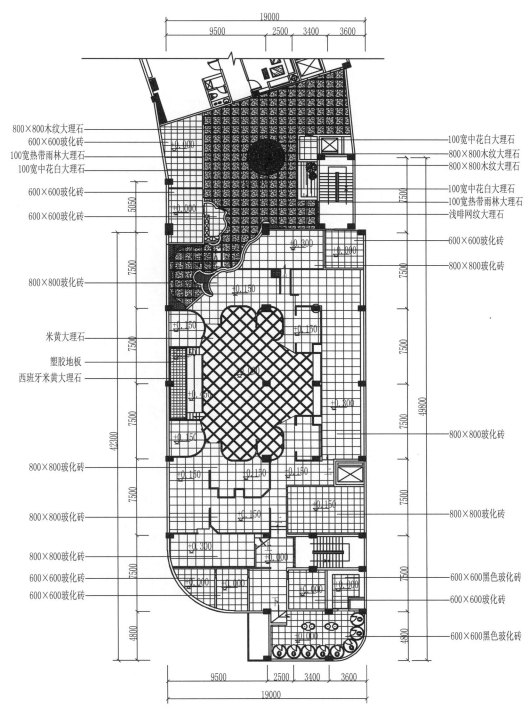

800×800木纹大理石
600×600玻化砖
100宽热带雨林大理石
100宽中花白大理石

600×600玻化砖

600×600玻化砖

800×800玻化砖

米黄大理石

塑胶地板

西班牙米黄大理石

800×800玻化砖

800×800玻化砖

800×800玻化砖
600×600玻化砖
600×600玻化砖

100宽中花白大理石
800×800木纹大理石
800×800木纹大理石

100宽中花白大理石
100宽热带雨林大理石
浅咖网纹大理石

600×600玻化砖

800×800玻化砖

800×800玻化砖

800×800玻化砖

600×600黑色玻化砖

600×600玻化砖

600×600黑色玻化砖

地面布置图

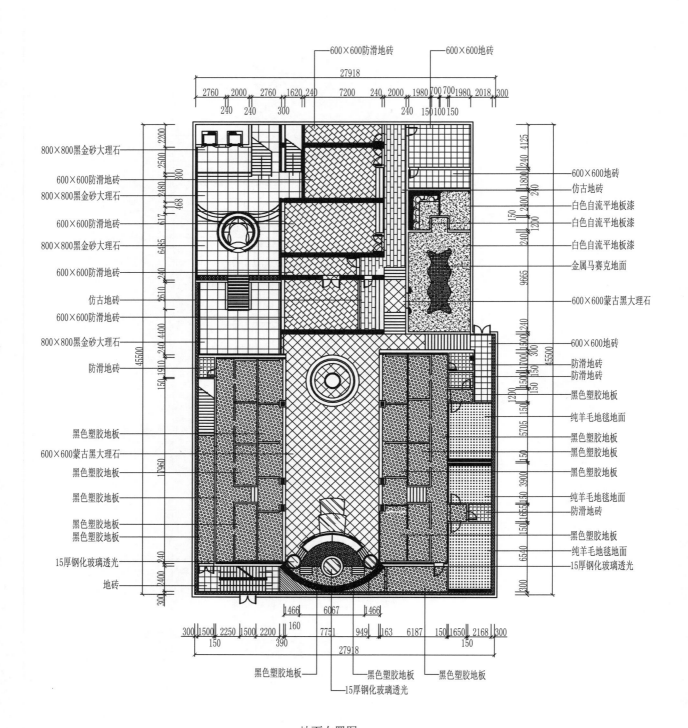

800×800黑金砂大理石

600×600防滑地砖
800×800黑金砂大理石

600×600防滑地砖

800×800黑金砂大理石

600×600防滑地砖

仿古地砖

600×600防滑地砖

800×800黑金砂大理石

防滑地砖

600×600防滑地砖
600×600地砖

黑色塑胶地板

600×600蒙古黑大理石

黑色塑胶地板

黑色塑胶地板

黑色塑胶地板
黑色塑胶地板

15厚钢化玻璃透光

地砖

600×600防滑地砖

600×600地砖

600×600地砖
仿古地砖
白色自流平地板漆
白色自流平地板漆
白色自流平地板漆
金属马赛克地面
600×600蒙古黑大理石
600×600地砖
防滑地砖
防滑地砖
黑色塑胶地板
纯羊毛地毯地面
黑色塑胶地板
黑色塑胶地板
黑色塑胶地板
纯羊毛地毯地面
防滑地砖
黑色塑胶地板
纯羊毛地毯地面
15厚钢化玻璃透光

黑色塑胶地板   黑色塑胶地板   黑色塑胶地板

15厚钢化玻璃透光

地面布置图

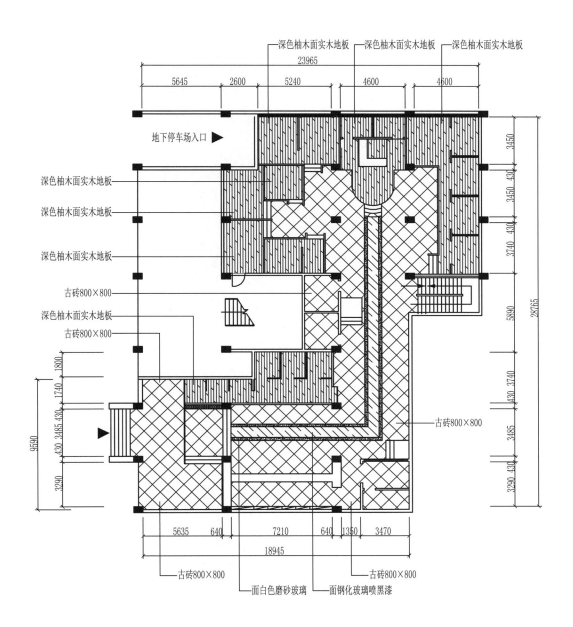

深色柚木面实木地板　深色柚木面实木地板　深色柚木面实木地板

23965

5645　2600　5240　4600　4600

地下停车场入口 ▶

深色柚木面实木地板

深色柚木面实木地板

深色柚木面实木地板

古砖800×800

深色柚木面实木地板

古砖800×800

3450
430
3450
430
3740
430
5890
3740
430
3485
430
3290

28765

古砖800×800

9590
1800
1740
430
3485
430
3290

▶

古砖800×800

5635　640　7210　640　1350　3470

18945

古砖800×800

面白色磨砂玻璃　面钢化玻璃喷黑漆

古砖800×800

地面布置图

地面 8

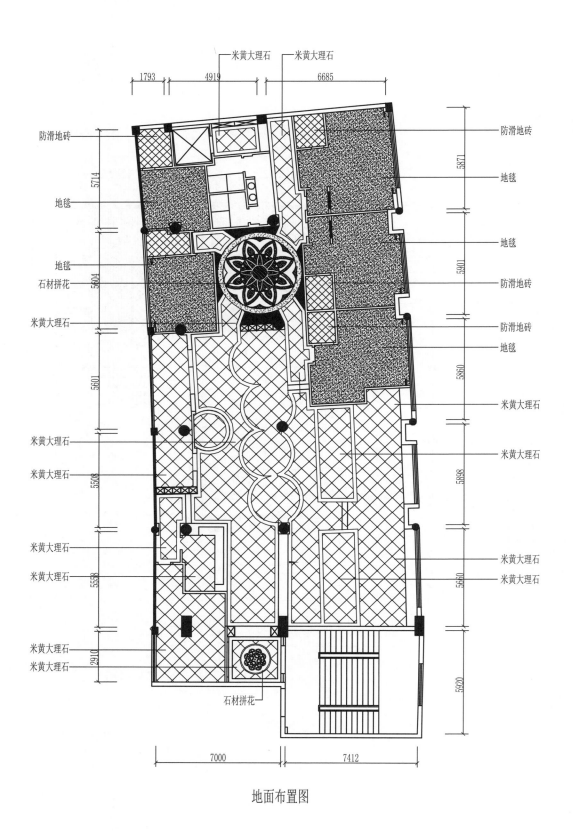

防滑地砖

米黄大理石　米黄大理石

防滑地砖

1793　4919　6685

5714

地毯

地毯

5604

石材拼花

米黄大理石

5601

米黄大理石

米黄大理石

5508

米黄大理石

米黄大理石

5558

米黄大理石

米黄大理石

2910

防滑地砖

地毯

5871

地毯

5901

防滑地砖

防滑地砖

地毯

5860

米黄大理石

米黄大理石

5898

米黄大理石

米黄大理石

5660

5920

石材拼花

7000　7412

地面布置图

4.4 服务台设计方案

服务台 1

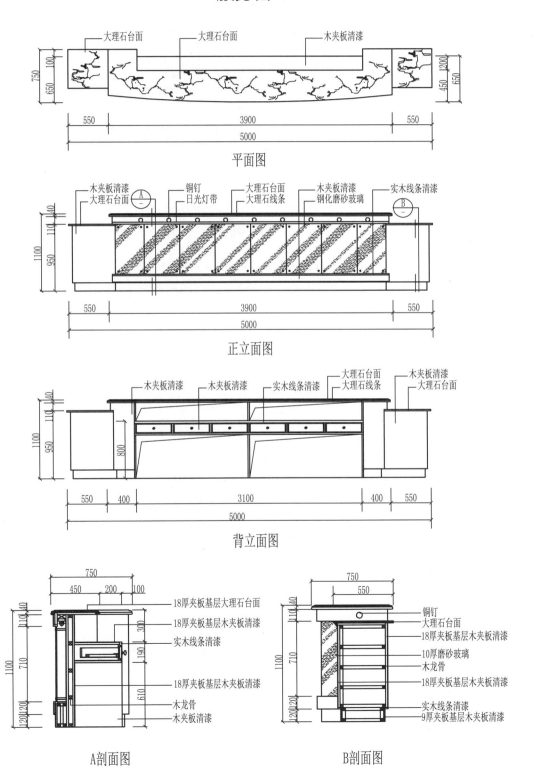

平面图

正立面图

背立面图

A剖面图

B剖面图

服务台 2

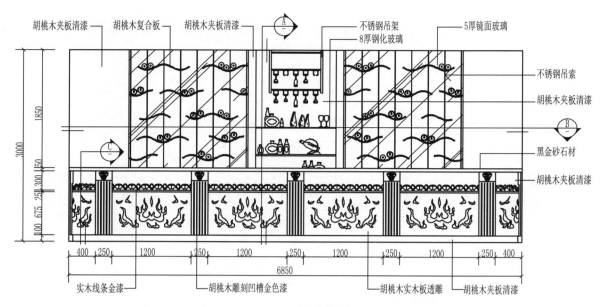

胡桃木夹板清漆　胡桃木复合板　胡桃木夹板清漆　不锈钢吊架　5厚镜面玻璃
8厚钢化玻璃

不锈钢吊索

胡桃木夹板清漆

黑金砂石材

胡桃木夹板清漆

1850
3000
100 675 250 300 150

400 250 1200 250 1200 250 1200 250 1200 250 400
6850

实木线条金漆　　胡桃木雕刻凹槽金色漆　　胡桃木实木板透雕　胡桃木夹板清漆

立面图

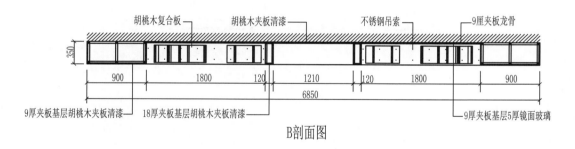

胡桃木复合板　　胡桃木夹板清漆　　不锈钢吊索　　9厘夹板龙骨

350

900 1800 120 1210 120 1800 900
6850

9厚夹板基层胡桃木夹板清漆　18厚夹板基层胡桃木夹板清漆　　9厚夹板基层5厚镜面玻璃

B剖面图

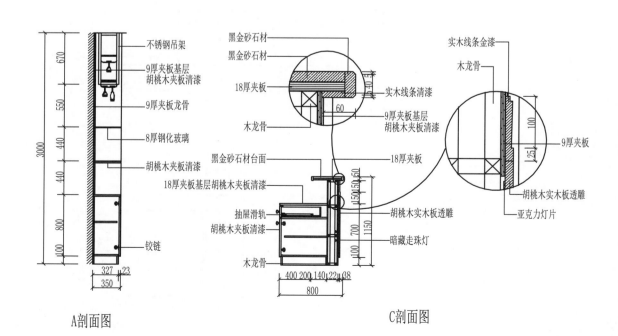

不锈钢吊架

9厚夹板基层
胡桃木夹板清漆

9厚夹板龙骨

8厚钢化玻璃

胡桃木夹板清漆

铰链

670 550 440 440 800 100
3000

327 23
350

黑金砂石材
黑金砂石材

18厚夹板

木龙骨

黑金砂石材台面

18厚夹板基层胡桃木夹板清漆

抽屉滑轨
胡桃木夹板清漆

木龙骨

实木线条金漆

木龙骨

实木线条清漆

9厚夹板基层
胡桃木夹板清漆

60

18厚夹板

胡桃木实木板透雕

暗藏走珠灯

9厚夹板

胡桃木实木板透雕

亚克力灯片

100 125

150 150 150

1150

400 200 140 22 38
800

400 700 100

A剖面图　　　　　　　　　　**C剖面图**

服务台 3

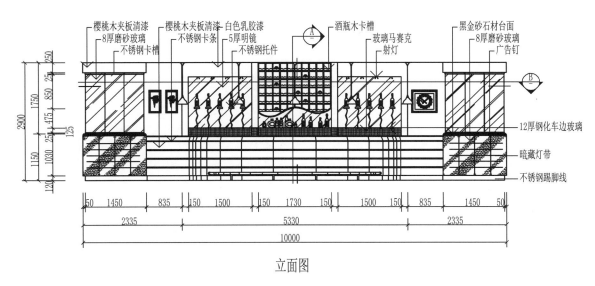

立面图

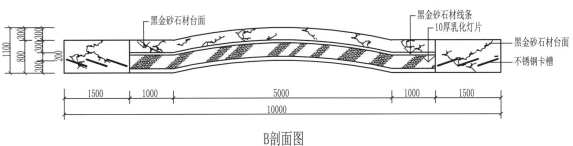

B剖面图

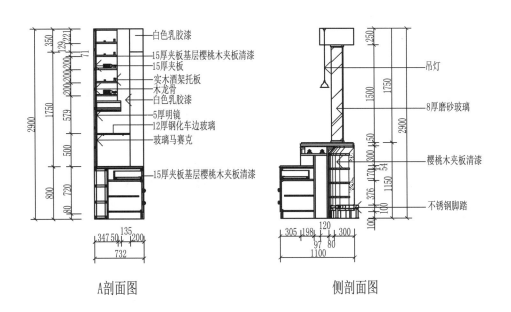

A剖面图　　　　　　　侧剖面图

服务台 4

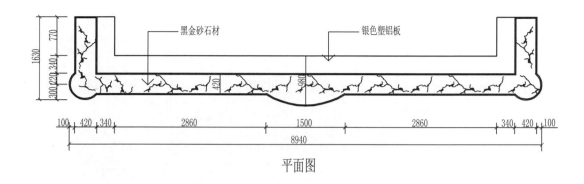

平面图

标注: 黑金砂石材　银色塑铝板

尺寸: 770　1630　340　220　300
100　420　340　2860　1500　2860　340　420　100
8940

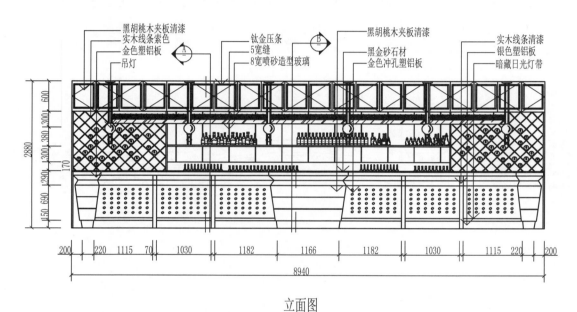

立面图

标注（左上）: 黑胡桃木夹板清漆　实木线条素色　金色塑铝板　吊灯

标注（中上）: 钛金压条　5宽缝　8宽喷砂造型玻璃

标注（中）: 黑胡桃木夹板清漆　黑金砂石材　金色冲孔塑铝板

标注（右上）: 实木线条清漆　银色塑铝板　暗藏日光灯带

尺寸: 600　300　380　300　170　290　450　690　2880
200　220　1115　70　1030　1182　1166　1182　1030　1115　220　200
8940

A剖面图

标注: 9厚夹板基层钛金压条
18厚搁板
18厚夹板基层黑胡桃木夹板清漆
木龙骨
9厚夹板基层5厚明镜
日光灯
18厚夹板基层5厚明镜
12厚磨砂玻璃
30厚实木板基层砂光铜板
18厚夹板基层
黑胡桃木夹板清漆

尺寸: 60　480　60　300　350　330　500　200　500　400　2880
70　185　250　505

B剖面图

标注: 18厚夹板基层黑胡桃木夹板清漆
18厚夹板基层黑金砂石材
18厚夹板骨架
双层5厚夹板
黑胡桃木夹板清漆
18厚夹板基层银色塑铝板

尺寸: 100　90　100　400　1130　680　220
450　330　180　120
980

服务台5

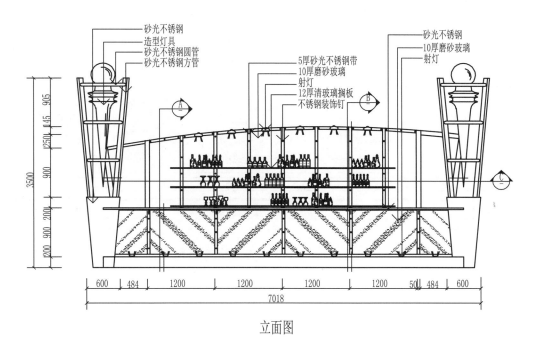

砂光不锈钢
造型灯具
砂光不锈钢圆管
砂光不锈钢方管

5厚砂光不锈钢带
10厚磨砂玻璃
射灯
12厚清玻璃搁板
不锈钢装饰钉

砂光不锈钢
10厚磨砂玻璃
射灯

立面图

600　484　1200　1200　1200　1200　50　484　600
7018

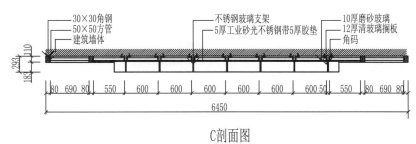

30×30角钢
50×50方管
建筑墙体

不锈钢玻璃支架
5厚工业砂光不锈钢带5厚胶垫

10厚磨砂玻璃
12厚清玻璃搁板
角码

80　690　80　550　600　600　600　600　600　600　50　550　80　690　80
6450

C剖面图

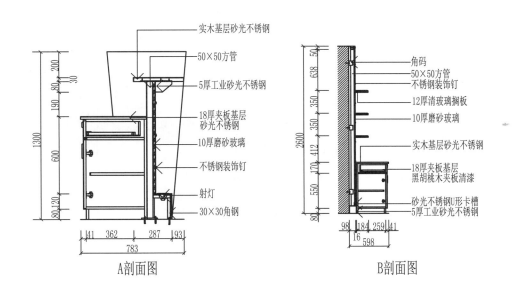

实木基层砂光不锈钢

50×50方管

5厚工业砂光不锈钢

18厚夹板基层
砂光不锈钢
10厚磨砂玻璃
不锈钢装饰钉
射灯
30×30角钢

41　362　287　93
783

A剖面图

角码
50×50方管
不锈钢装饰钉
12厚清玻璃搁板
10厚磨砂玻璃
实木基层砂光不锈钢
18厚夹板基层
黑胡桃木夹板清漆
砂光不锈钢U形卡槽
5厚工业砂光不锈钢

98　184　259　41
16　598

B剖面图

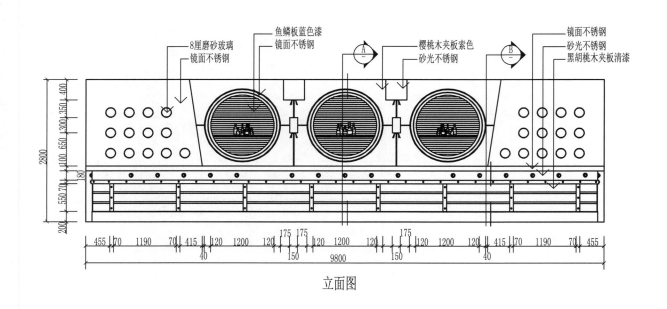

立面图

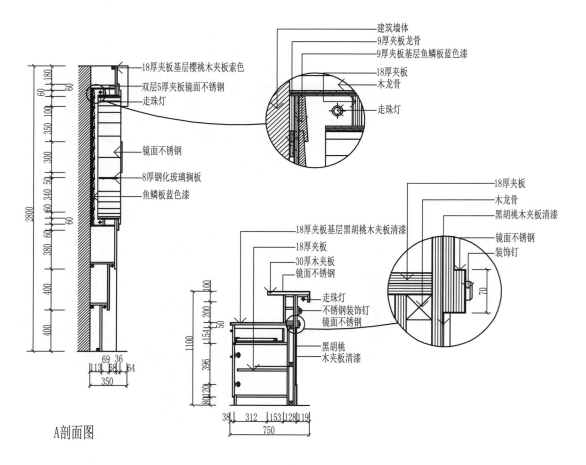

A剖面图

B剖面图

服务台 7

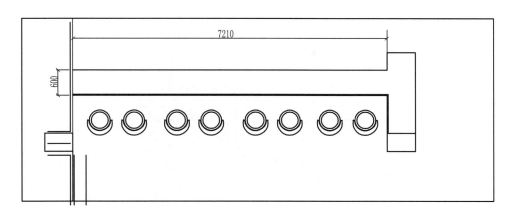

平面图

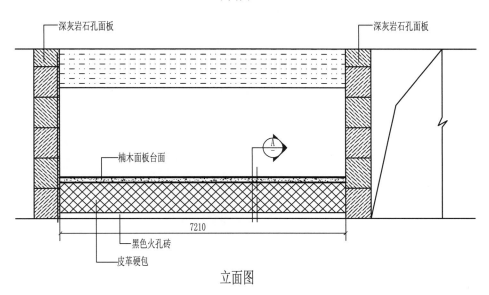

深灰岩石孔面板

深灰岩石孔面板

楠木面板台面

7210

黑色火孔砖

皮革硬包

立面图

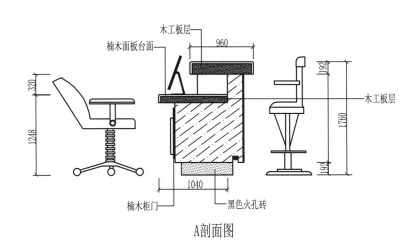

木工板层

楠木面板台面

960

木工板层

楠木柜门

黑色火孔砖

A剖面图

服务台8

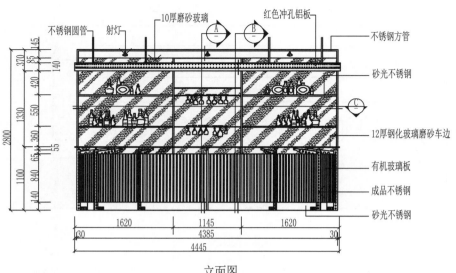

立面图

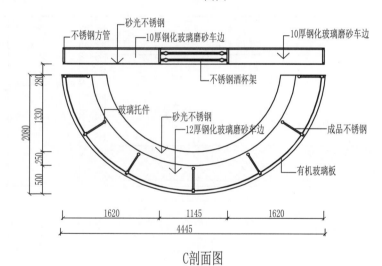

C剖面图

A剖面图   B剖面图

4.5 电梯间设计方案

电梯间 1

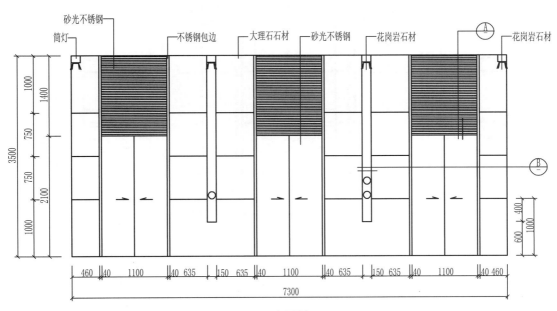

砂光不锈钢 筒灯 不锈钢包边 大理石石材 砂光不锈钢 花岗岩石材 花岗岩石材

立面图

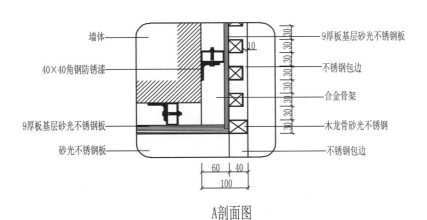

墙体 9厚板基层砂光不锈钢板
40×40角钢防锈漆 不锈钢包边
合金骨架
9厚板基层砂光不锈钢板 木龙骨砂光不锈钢
砂光不锈钢板 不锈钢包边

A剖面图

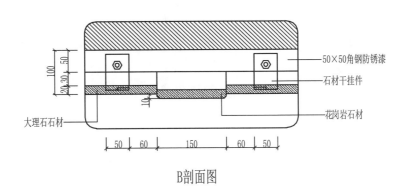

50×50角钢防锈漆
石材干挂件
大理石石材 花岗岩石材

B剖面图

电梯间 2

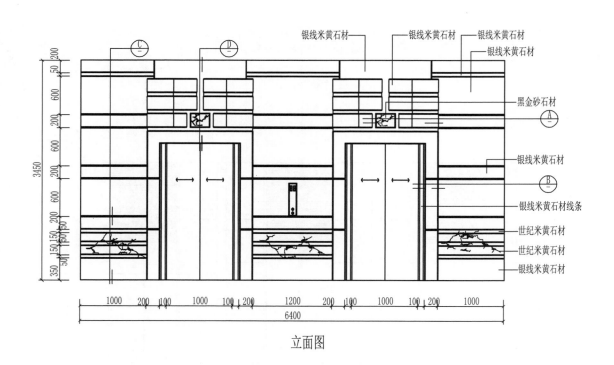

立面图

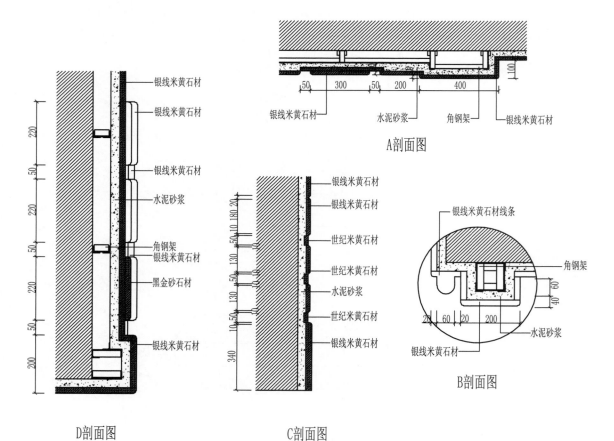

A剖面图

D剖面图

C剖面图

B剖面图

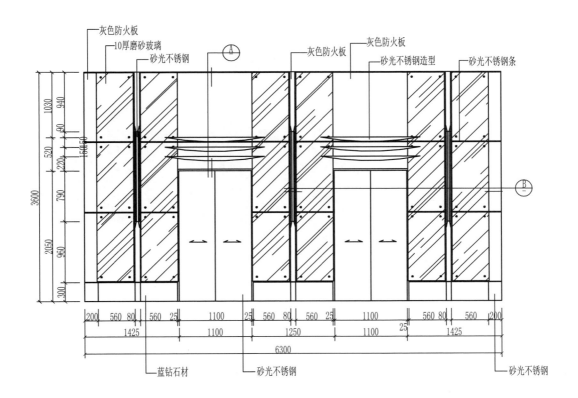

灰色防火板
10厚磨砂玻璃
砂光不锈钢
灰色防火板
灰色防火板
砂光不锈钢造型
砂光不锈钢条

蓝钻石材
砂光不锈钢
砂光不锈钢

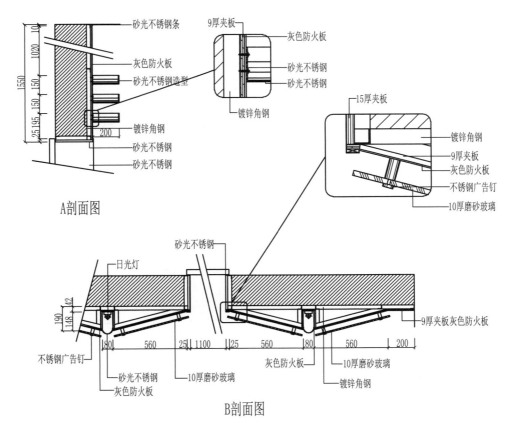

砂光不锈钢条
灰色防火板
砂光不锈钢造型
镀锌角钢
砂光不锈钢
砂光不锈钢

9厚夹板
灰色防火板
砂光不锈钢
砂光不锈钢
镀锌角钢

A剖面图

15厚夹板
镀锌角钢
9厚夹板
灰色防火板
不锈钢广告钉
10厚磨砂玻璃

砂光不锈钢
日光灯
9厚夹板灰色防火板

不锈钢广告钉
砂光不锈钢
灰色防火板
10厚磨砂玻璃
灰色防火板
10厚磨砂玻璃
镀锌角钢

B剖面图

电梯间 4

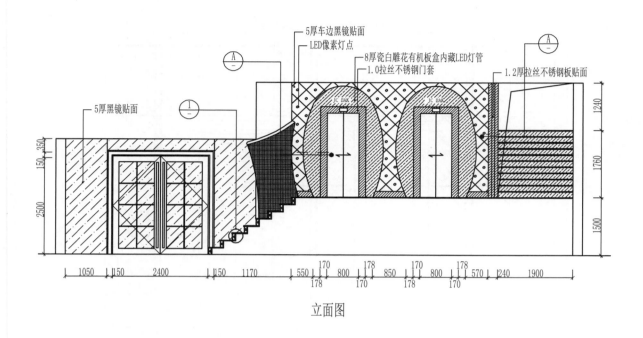

5厚车边黑镜贴面
LED像素灯点
8厚瓷白雕花有机板盒内藏LED灯管
1.0拉丝不锈钢门套
1.2厚拉丝不锈钢板贴面

5厚黑镜贴面

JC BAK   JC BAK

1240
1760
1500

150 350
2500

1050 1150 2400 1150 1170 550 170 800 178 850 170 800 178 570 1240 1900
178 170 178 170

立面图

蒙古黑石材台阶
LED灯管
蒙古黑石材结构

10厚磨砂玻璃
倒5宽斜边

5
10
200
167

1大样图

木结构   建筑墙
LED灯管   木方
8厚瓷白雕花有机板盒   1.0拉丝不锈钢门套
LED像素灯点

140 130
444   50 120

B剖面图

1.2厚拉丝不锈钢板贴面

木基层

20
110   80   110

A剖面图

4.6 卫生间设计方案

卫生间 1

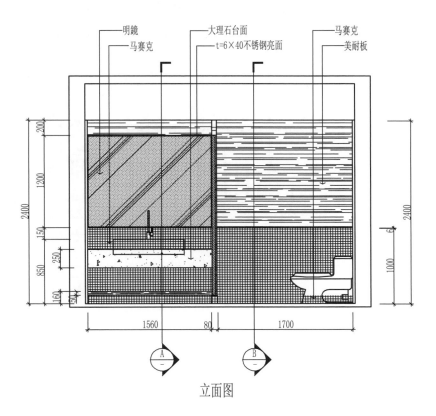

明镜
马赛克
大理石台面
t=6×40不锈钢亮面
马赛克
美耐板

2400
200
1200
150
250
850
160
50

2400
6
1000

1560 80 1700

A
B

立面图

面贴美耐板

6厚明镜

洞石

面贴马赛克
面贴柚木皮

200 200
200
1191
2600
850
250 290

380 50
500

A剖面图

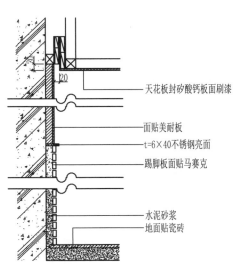

天花板封矽酸钙板面刷漆

面贴美耐板

t=6×40不锈钢亮面

踢脚板面贴马赛克

水泥砂浆
地面贴瓷砖

120

B剖面图

卫生间 2

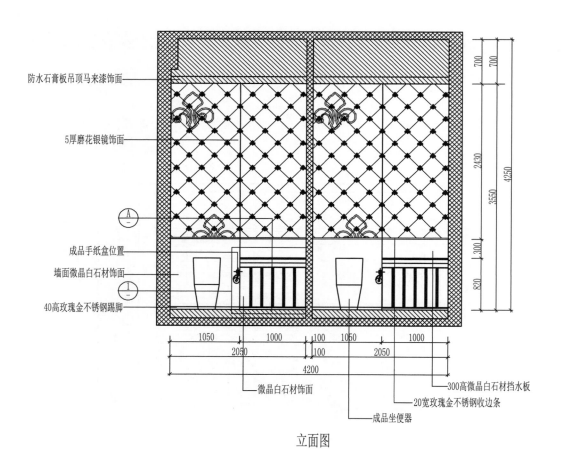

防水石膏板吊顶马来漆饰面

5厚磨花银镜饰面

成品手纸盒位置

墙面微晶白石材饰面

40高玫瑰金不锈钢踢脚

700
700
2430
3550
4250
1300
820

1050   1000   100   1050   1000
2050   100   2050
4200

微晶白石材饰面

300高微晶白石材挡水板

20宽玫瑰金不锈钢收边条

成品坐便器

立面图

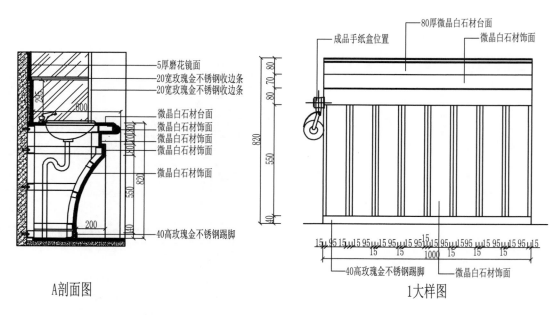

A剖面图

5厚磨花镜面
20宽玫瑰金不锈钢收边条
20宽玫瑰金不锈钢收边条
微晶白石材台面
微晶白石材饰面
微晶白石材饰面
微晶白石材饰面

微晶白石材饰面

40高玫瑰金不锈钢踢脚

200

80厚微晶白石材台面
微晶白石材饰面

成品手纸盒位置

80 70 80
820
550
40

15 95 15 15 95 15 15 95 15 15 95 15 15 95 15 15 95 15 15 95 15 15
15   15   15   1000   15   15   15

40高玫瑰金不锈钢踢脚

微晶白石材饰面

1大样图

卫生间 3

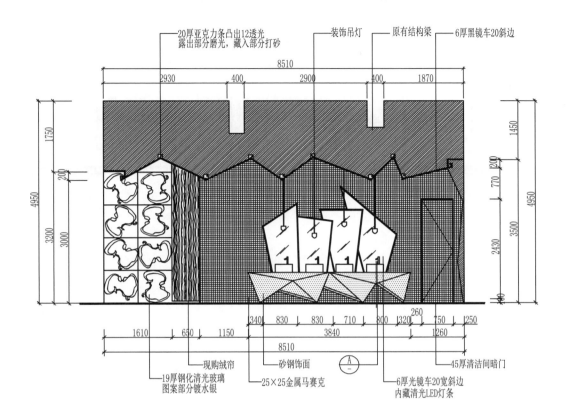

20厚亚克力条凸出12透光
露出部分磨光，藏入部分打砂
装饰吊灯
原有结构梁
6厚黑镜车20斜边

8510
2930 400 2900 400 1870

1750
200
4950
3200
3000

1450
1200
770
4950
2430
3500

1610 650 1150 340 830 830 710 800 320 750 250
3840 260 1260
8510

19厚钢化清光玻璃
图案部分镀水银
现购绒帘
25×25金属马赛克
砂钢饰面
A/—
6厚光镜车20宽斜边
内藏清光LED灯条
45厚清洁间暗门

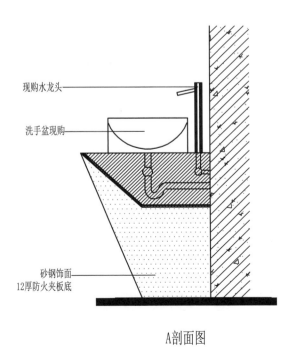

现购水龙头
洗手盆现购
砂钢饰面
12厚防火夹板底

A剖面图

卫生间 4

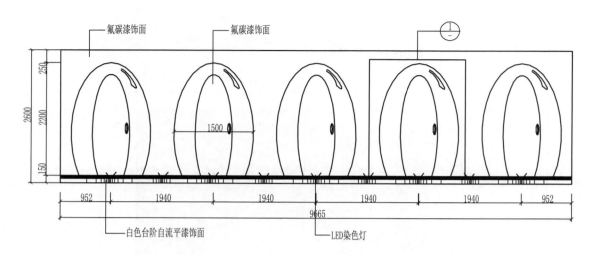

氟碳漆饰面　　氟碳漆饰面

250
2600
2200
1500
150

952　1940　1940　1940　1940　952
9665

白色台阶自流平漆饰面　　LED染色灯

立面图

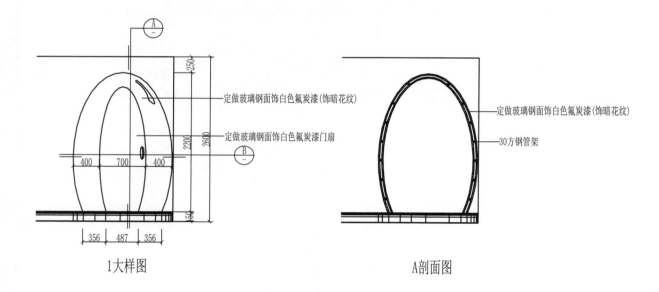

250
2600
2200
400 700 400
150
356 487 356

定做玻璃钢面饰白色氟炭漆(饰暗花纹)
定做玻璃钢面饰白色氟炭漆门扇

1大样图

定做玻璃钢面饰白色氟炭漆(饰暗花纹)
30方钢管架

A剖面图

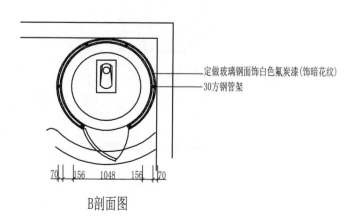

定做玻璃钢面饰白色氟炭漆(饰暗花纹)
30方钢管架

70 156 1048 156 70

B剖面图

4.7　家具设计方案

家具 1

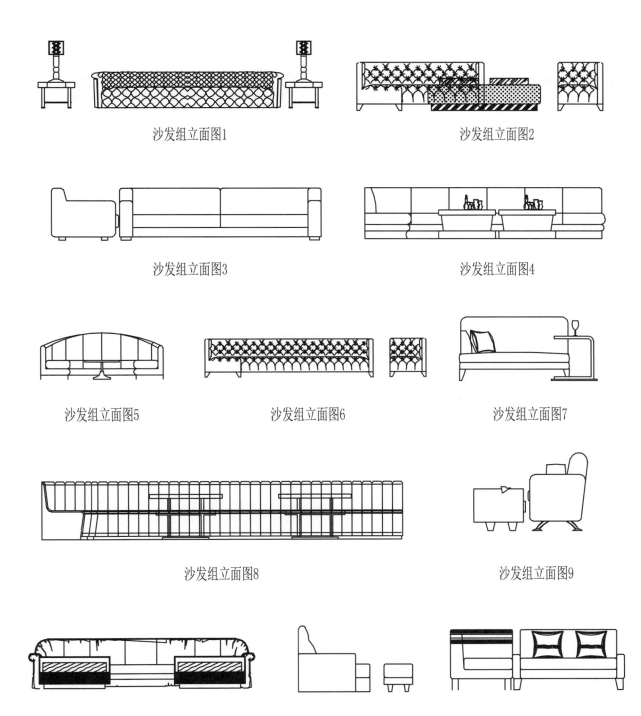

沙发组立面图1

沙发组立面图2

沙发组立面图3

沙发组立面图4

沙发组立面图5

沙发组立面图6

沙发组立面图7

沙发组立面图8

沙发组立面图9

沙发组立面图10

沙发组立面图11

沙发组立面图12

沙发立面图1

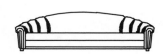

沙发立面图2

沙发立面图3

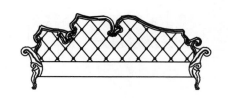

沙发立面图4

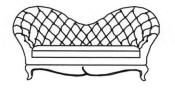

沙发立面图5

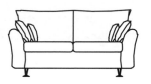

沙发立面图6

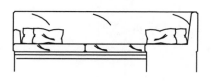

沙发立面图7

沙发立面图8

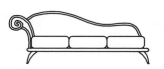

沙发立面图9

沙发立面图10

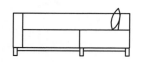

沙发立面图11

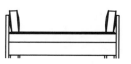

沙发立面图12

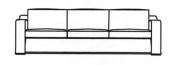

沙发立面图13

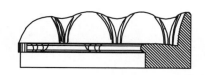

沙发立面图14

沙发立面图15

椅子立面图1　　椅子立面图2　　椅子立面图3　　椅子立面图4　　椅子立面图5

椅子立面图6　　椅子立面图7　　椅子立面图8　　椅子立面图9　　椅子立面图10

椅子立面图11　　椅子立面图12　　椅子立面图13　　椅子立面图14　　椅子立面图15

椅子立面图16　　椅子立面图17　　椅子立面图18　　椅子立面图19　　椅子立面图20

装饰柜立面图1

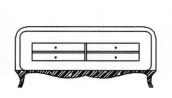

装饰柜立面图2

装饰柜立面图3

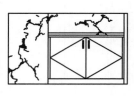

装饰柜立面图4

装饰柜立面图5

装饰柜立面图6

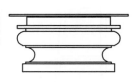

装饰柜立面图7

装饰柜立面图8

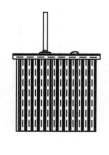

装饰柜立面图9

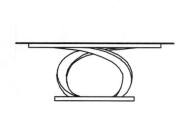

装饰柜立面图10

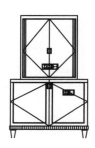

装饰柜立面图11

装饰柜立面图12

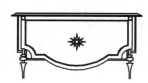

装饰柜立面图13

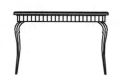

装饰柜立面图14

装饰柜立面图15

装饰柜立面图16